Les pucerons des grandes cultures

Cycles biologiques et activités de vol

Évelyne Turpeau-Ait Ighil,
Charles-Antoine Dedryver,
Bernard Chaubet
Maurice Hullé

Éditions Quæ
RD 10
78026 Versailles Cedex

Acta, Le réseau des instituts
des filières animales et végétales
149 rue de Bercy
75595 Paris Cedex 12

La quasi-totalité des photos de cet ouvrage ont été réalisées par B. Chaubet (Inra), notamment la photo de couverture (*Acyrthosiphon pisum*).

Trois autres personnes ont apporté leur contribution iconographique :

– F. Fabre/Inra, photo p. 24 ;

– Y. Robert/Inra, photo p. 48 ;

– J. Bonhomme/Inra, photo p. 83.

ISBN : 978-2-7592-1026-8

ISBN : 978-2-85794-266-5

Sommaire

Avant-propos

Groupe d'insectes relativement modeste en nombre d'espèces, les pucerons comptent parmi les plus importants ravageurs des plantes en milieu tempéré.

En effet, au cours de leur évolution, les pucerons ont acquis de multiples aptitudes à coloniser des milieux écologiques très variés. Ils se multiplient actuellement sur presque toutes les espèces de plantes cultivées sous nos climats. Les grandes cultures, qui représentent un tiers des surfaces cultivées en France, leur offrent d'immenses espaces où ils peuvent se nourrir, se reproduire et provoquer parfois des dégâts sérieux. Il faut très peu de temps à un puceron pour engendrer une descendance extrêmement abondante. À 18° C par exemple, quatorze jours lui suffisent pour atteindre l'âge adulte et donner ensuite naissance à plusieurs dizaines de larves qui, à leur tour, se multiplieront aussi rapidement. Ainsi, à raison d'environ vingt générations par an, un seul individu donnera potentiellement naissance à plusieurs milliards de descendants. Cependant, un grand nombre de facteurs comme le climat, l'environnement cultural et les ennemis naturels conditionnent les effectifs des populations qui fluctuent considérablement d'une saison à l'autre, d'une année à l'autre, voire d'un champ à l'autre.

Ces fluctuations posent problème à l'agriculteur, qui doit pouvoir contrer les pullulations dans l'immédiat sous peine de voir baisser les rendements de ses cultures ou se détériorer leur état sanitaire. Il se trouve souvent dans l'obligation de choisir une stratégie à court terme, le plus souvent chimique, qui pose des problèmes environnementaux, comme l'apparition de résistances aux insecticides ou la destruction de la faune utile (pollinisateurs, ennemis naturels...). Pourtant la surveillance régulière et l'étude des fluctuations de populations des pucerons ravageurs permettent la prévision des risques encourus par les cultures et contribuent à la mise au point de méthodes de lutte efficaces et mieux raisonnées.

Dès 1978, l'Institut national de la recherche agronomique, l'Association de coordination technique agricole (aujourd'hui Acta, Le réseau des instituts des filières animales et végétales) et les Services régionaux de la protection des végétaux ont mis en place un tel réseau de surveillance. Il s'agit du réseau français Agraphid, qui a permis de collecter et d'identifier des millions de pucerons ailés (6,7 millions depuis 1978) répartis entre 200 espèces. La collecte est réalisée à partir de pièges à aspiration disposés sur tout le territoire. Ainsi nous avons pu améliorer nos connaissances sur la diversité des espèces, leurs déplacements à longue distance, leur répartition géographique et leurs rythmes saisonniers d'activité. Cette connaissance apporte une aide précieuse à l'avertisseur agricole pour élaborer ses avis. Elle a également permis de mettre au point des outils d'aide à la décision, actuellement diffusés.

Dans cet ouvrage, nous avons réuni différents éléments de biologie et d'écologie des principales espèces de pucerons colonisant les grandes cultures. Il comporte trois parties :

- une présentation des grandes cultures avec leur répartition sur le territoire et leurs principaux bioagresseurs ;
- une présentation des principales espèces de pucerons que l'on peut observer sur ces cultures ;
- une analyse descriptive des activités saisonnières de vol de plusieurs espèces majeures.

Le lecteur trouvera en fin d'ouvrage une série de tableaux synthétiques permettant une lecture plus rapide de ce document.

Introduction

Les pucerons, des ravageurs importants des plantes cultivées

Les pucerons ont une alimentation phloémienne, autrement dit ils se nourrissent de la sève élaborée des plantes, détournant à leur profit une partie des éléments nutritifs nécessaires à la croissance de ces dernières. Les dégâts occasionnés sont fonction d'une part de la durée de présence et de la quantité de pucerons sur la plante, d'autre part du stade de développement de celle-ci et de son degré de sensibilité. Sur blé, par exemple, une forte infestation au moment de l'épiaison causera une baisse du nombre de grains par épi alors qu'une infestation plus tardive n'entraînera qu'un mauvais remplissage des grains. De plus, la salive des pucerons est souvent toxique : elle contient en quantités variables des composés chimiques qui peuvent perturber la croissance de la plante et provoquer des déformations, des décolorations et des dessèchements. Ces dégâts directs* liés à la prise alimentaire peuvent être aggravés, lorsque les pucerons sont très nombreux, par un dégât indirect* : le dessèchement précoce des organes recouverts par le miellat*, qui est un produit sucré excrété par les pucerons et sur lequel se développent des champignons pulvérulents noirs, les fumagines*.

En se nourrissant sur les plantes, les pucerons peuvent également provoquer d'autres dégâts indirects en transmettant des virus à l'origine de graves maladies. Ces virus sont transmis selon deux modes principaux. Dans le mode non persistant*, les virus peuvent être acquis en quelques secondes par les pucerons. Les particules virales restent au niveau des pièces buccales de l'insecte, qui devient immédiatement infectieux. Quelques pucerons ailés très actifs peuvent suffire, dans ce cas, à introduire des virus dans une parcelle saine lors de simples piqûres d'essais, même s'ils la quittent ensuite rapidement sans y développer de colonies. C'est le cas des virus Y de la pomme de terre, qui sont transmis par plus de 70 espèces de pucerons dont la plupart ne se développent pas sur cette plante. Dans ce mode il existe un cas particulier, le mode semi-persistant*, où l'acquisition prend plus de temps et le puceron reste infectieux plus longtemps, ce qui est le cas pour la jaunisse grave de la betterave. À l'inverse, les virus transmis selon le mode persistant* nécessitent des relations plus étroites entre le puceron vecteur, la plante et la particule virale. Le puceron n'acquiert le virus qu'après des prises alimentaires de longue durée dans le phloème* et ne peut le transmettre qu'après un laps de temps important pendant lequel le virus aura circulé à l'intérieur de l'insecte. Dans ce cas, les pucerons restent infectieux

* Les termes suivis d'un astérisque sont définis dans le glossaire.

toute leur vie bien que les virus ne s'y multiplient pas. Les virus de la jaunisse nanisante de l'orge, par exemple, sont transmis de cette façon par quelques espèces de pucerons des céréales uniquement.

Que les pertes économiques dues aux pucerons soient le fait de dégâts directs ou indirects, il est difficile, voire impossible d'en donner une estimation précise. Celles-ci fluctuent en effet de façon importante selon les conditions climatiques, la densité des populations de pucerons et la variété des cultures. Certaines études avancent des pourcentages moyens de baisse de rendement dus à l'effet direct des pucerons de l'ordre de 10 à 20 % pour les pois, 10 % pour le blé ou 5 % pour la pomme de terre. Les baisses sont bien plus importantes lorsque les dégâts sont dus à des virus : jusqu'à 85 % de perte pour des orges infectées par la jaunisse nanisante, par exemple.

Le type de dégât doit guider la lutte. Globalement le dégât direct est proportionnel à la quantité de pucerons hébergés par la plante, alors que le dégât viral dépend essentiellement du nombre de plantes infectées et beaucoup moins du nombre de pucerons par plante. Les principes de la lutte seront différents dans les deux cas. Dans le premier, on protégera le stade sensible de la plante en empêchant les populations d'atteindre des densités trop importantes. Dans le deuxième, on cherchera à limiter au maximum l'introduction de virus dans une parcelle indemne par les ailés qui y atterrissent, puis surtout leur dissémination* par les colonies qui s'y développent. Le caractère sporadique et difficilement prévisible des pullulations de pucerons a entraîné une utilisation des insecticides souvent beaucoup plus importante que celle réellement justifiée par leur incidence. L'application systématique des traitements chimiques n'est par ailleurs plus en adéquation avec la demande sociétale. La lutte contre les pucerons doit donc être modulée par le risque encouru, à condition, bien sûr, de pouvoir l'estimer, ce à quoi tente de répondre la lutte intégrée. Celle-ci fait appel à différents moyens tels le développement de variétés résistantes, l'adaptation des pratiques culturales ou le développement d'outils de prévision des risques afin de mieux respecter la santé humaine et l'environnement.

Les plantes hôtes

La production agricole française est la plus importante d'Europe

Le territoire français s'étend sur près de 55 millions d'hectares. L'agriculture en occupe 30 millions, dont plus du tiers est consacré aux grandes cultures et aux cultures industrielles. D'un point de vue économique, les céréales représentent la principale production puisqu'elles couvrent plus de 9 millions d'hectares et sont présentes dans plus d'une exploitation sur deux. Leur part dans l'assolement des exploitations est d'autant plus importante que celles-ci sont de grande taille. Viennent ensuite les oléagineux, avec 2 millions d'hectares, et les protéagineux, avec des surfaces oscillant autour de 200 000 ha. Les cultures industrielles comme celles de la betterave, de la pomme de terre et du tabac totalisent moins de 600 000 ha. À ces productions s'ajoutent les productions fourragères qui sont étroitement liées à l'élevage des herbivores. Plus de 15 millions d'hectares leur sont consacrés. On y trouve des plantes de diverses familles botaniques utilisées comme fourrages annuels, prairies temporaires ou artificielles, et surfaces toujours en herbe.

Surface de la production agricole française en 2007 par grands types de culture.

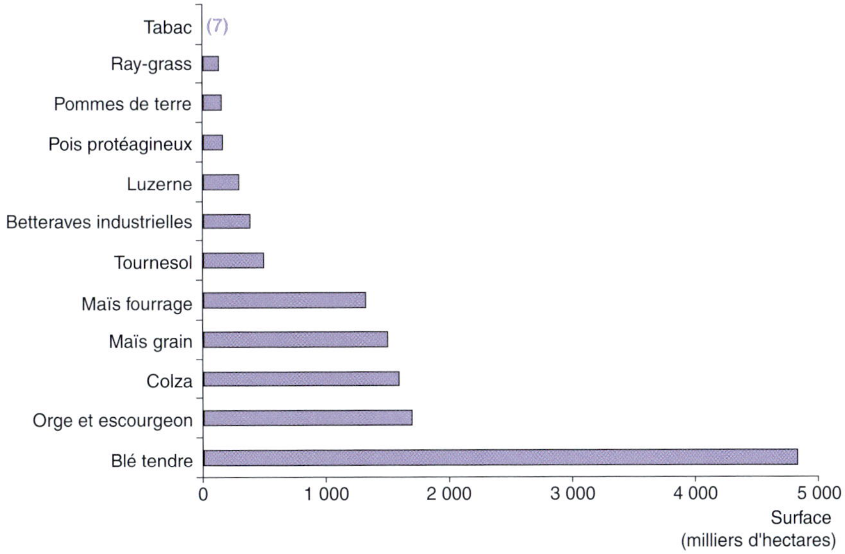

Dans cet ouvrage, les cultures sont regroupées par famille botanique. On trouvera donc ensemble, si elles appartiennent à la même famille, des plantes de grande culture, des plantes de culture industrielle ou des plantes à vocation fourragère.

Les pucerons ne sont en effet sensibles qu'aux caractéristiques physiologiques et biochimiques des plantes indépendamment de leur mode de culture. Ainsi, au sein d'une même famille botanique, on retrouvera souvent les mêmes espèces de pucerons.

Pour chacune des cultures traitées dans cet ouvrage, le lecteur trouvera des données concernant quelques caractéristiques de sa production comme la répartition géographique et les périodes de végétation. Les données statistiques ont été extraites des documents publiés par le Service de la statistique et de la prospective (SSP) du ministère de l'Agriculture, de l'Alimentation, de la Pêche, de la Ruralité et de l'Aménagement du territoire (http://agreste.agriculture.gouv.fr/) pour 2007.

Le lecteur trouvera ensuite quelques indications sur les principales maladies et les principaux ravageurs affectant cette culture. Cette présentation succincte permettra de situer l'importance économique réelle des pucerons par rapport aux autres ennemis de la culture. Les dégâts dus aux pucerons sont ensuite décrits, et des éléments de surveillance, de diagnostic et de lutte sont donnés.

Enfin, la liste des espèces de pucerons fréquents et occasionnels permettra au lecteur d'accéder directement aux fiches de description des pucerons.

Les chénopodiacées

La **betterave** *(Beta vulgaris)* est l'espèce la plus importante de la famille des chénopodiacées. Sous l'appellation betterave, on regroupe : la **betterave potagère**, cultivée pour ses racines, la **poirée**, appréciée pour ses feuilles et leur large pétiole blanc, la **betterave fourragère**, racine utile pour l'alimentation du bétail, et la **betterave sucrière**, racine produite pour l'extraction de sucre. Dans ce volume consacré aux grandes cultures, nous n'aborderons que la betterave sucrière. Le lecteur pourra se reporter à l'ouvrage de la même série consacré aux pucerons des plantes maraîchères pour les autres formes cultivées[1].

Production

La **betterave** est une plante bisannuelle cultivée pour sa racine pivotante et charnue qui se forme la première année. Le semis se fait début avril et la récolte s'effectue en automne (mi-septembre/mi-novembre), lorsque les feuilles jaunissent et prennent un port tombant.

En 1747, Andreas Margraff est le premier à extraire le sucre de la betterave. Sa culture industrielle commence sous le premier Empire, pendant le blocus continental qui privait la France de sucre de canne.

La betterave sucrière *(Beta vulgaris* var. *rapa)* représente 80 % des cultures industrielles françaises. Sa production est destinée pour l'essentiel à l'industrie sucrière mais aussi à la distillerie pour la fabrication d'alcool. Les résidus d'extraction (mélasse) et les parties aériennes sont utilisés en alimentation du bétail.

1. Hullé M., Turpeau-Ait Ighil É., Robert Y., Monnet Y., *Les pucerons des plantes maraîchères*, éditions Inra/Acta, 1999.

La betterave sucrière.

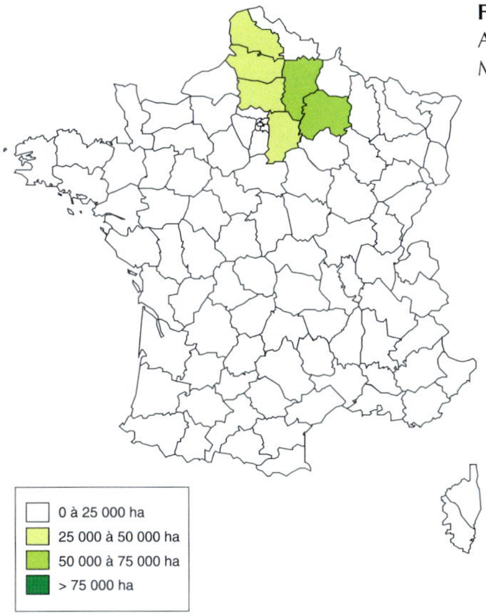

France : 393 500 ha (33 212 697 t)
Aisne : 66 260 ha (5 353 808 t)
Marne : 54 775 ha (5 066 687 t)

La betterave est la principale source de saccharose là où la culture de canne à sucre n'est pas possible. Sa zone de culture s'étend à toutes les régions tempérées du globe, avec une importance particulière en Europe, aux États-Unis et dans les États de la CEI[1]. Les principaux pays producteurs européens sont la France, ceux du Benelux et l'Allemagne.

La production de la betterave à sucre est très localisée dans le nord de la France pour une raison agronomique, car elle demande des sols riches, limoneux et un climat semi-continental humide. Par ailleurs cette culture est contingentée. La Picardie, avec plus de 11 millions de tonnes, produit plus du tiers de la récolte nationale. La Champagne-Ardenne (8,1 millions de tonnes), le Nord-Pas-de-Calais (4,7 millions de tonnes) et l'Ile-de-France (3,4 millions de tonnes) contribuent de façon importante à la production nationale, qui est de 33 millions de tonnes.

Maladies et ravageurs

En culture de betterave, les rendements peuvent être gravement affectés par des maladies du feuillage (la cercosporiose, l'oïdium, la ramulariose) et des problèmes de parasitisme tellurique liés à la parcelle (rhizomanie, rhizoctone).

Pendant toute la durée de son développement, la betterave est aussi exposée à de nombreux ravageurs souterrains et aériens. La petite limace grise s'attaque aux plantules et aux très jeunes plantes. L'altise de la betterave attaque les cotylédons. La chenille de la teigne ronge le pétiole des petites feuilles. Dans le sol, les larves de taupins sectionnent les racines des plantules, et le nématode de la betterave déforme les racines, entraînant un flétrissement de la plante.

1. Communauté des États indépendants (anciennes républiques soviétiques).

Les pucerons et les virus transmis par pucerons

Sur feuillage de **betterave**, les pucerons sont particulièrement à craindre du fait qu'ils peuvent transmettre deux maladies à virus : la jaunisse grave et la jaunisse modérée. Le virus de la jaunisse grave de la betterave (BYV) est transmis principalement par deux espèces, le puceron vert du pêcher *(Myzus persicae)* et le puceron noir de la fève *(Aphis fabae)*, selon le mode semi-persistant. Celui de la jaunisse modérée (BMYV) est principalement transmis par le puceron vert du pêcher *(Myzus persicae)* selon le mode persistant. Ces virus peuvent être hébergés par plus d'une centaine de plantes dans lesquelles ils peuvent passer l'hiver en l'absence de cultures de betterave. Les pucerons deviennent virulifères après avoir ingéré des particules virales sur des plantes infectées. Une seule piqûre d'alimentation faite par le puceron venant d'une plante contaminée suffit pour que la maladie soit transmise. Les symptômes se manifestent par une décoloration générale des nervures des feuilles, puis par une coloration jaune citron de l'ensemble du limbe. Les feuilles âgées deviennent jaune orangé et les betteraves contaminées présentent une sensibilité accrue à l'alternariose. La maladie se dissémine plus ou moins rapidement dans toute la parcelle à partir des premiers foyers. Au champ, les deux jaunisses sont souvent associées. Les pertes de rendements occasionnées peuvent atteindre 15 à 20 t/ha.

Depuis 1992, le traitement des semences avec un insecticide systémique assure la protection des betteraves pendant 70 à 80 jours et rend presque inutile tout traitement foliaire complémentaire. Ces jaunisses semblent maîtrisées malgré l'apparition régulière de foyers localisés.

Pucerons fréquents	Pucerons occasionnels
Aphis fabae	*Aulacorthum solani*
Myzus persicae	*Macrosiphum euphorbiae*
Rhopalosiphoninus staphyleae	*Myzus ascalonicus*
	Smynthurodes betae

Les fabacées

Au sein de la famille des fabacées ou légumineuses, les plantes de grandes cultures ont une utilisation essentiellement fourragère. Utilisées en cultures pures ou associées avec des graminées, les fabacées constituent l'essentiel de l'alimentation des herbivores domestiques. Dans cette famille, nous trouvons des plantes à grosses graines : le **pois protéagineux**, la **féverole** et le **lupin**, appelés également plantes protéagineuses car riches en protéine, et des plantes à petites graines : **luzerne, trèfle, sainfoin** et **lotier**. La culture du **soja**, très importante au niveau mondial, est encore peu représentée en France et n'est pas traitée dans cet ouvrage.

Production

Connu depuis l'Antiquité, le **pois** *(Pisum sativum)* était utilisé pour la consommation humaine et animale. Le **pois protéagineux** *(Pisum sativum* var. *arvense)* est une légumineuse annuelle, à croissance rapide, proche du pois potager. On distingue les variétés d'hiver, semées en automne et récoltées en juin-juillet, et les variétés de printemps à cycle court. La culture de pois protéagineux s'est développée en Europe depuis les années 1970 en remplacement des tourteaux de soja. Les surfaces cultivées en France ont augmenté pour atteindre 350 000 ha dans les années 1990. Depuis 2000, elles s'effondrent du fait des maladies telluriques, des mauvaises conditions climatiques limitant les rendements et des prix peu attractifs. La culture du pois protéagineux couvre 162 000 ha et permet la récolte de 589 000 t. La production est essentiellement localisée en régions Picardie et Champagne-Ardenne.

Le pois protéagineux.

France : 162 424 ha (589 727 t)
Oise : 12 362 ha (55 629 t)
Eure-et-Loir : 11 700 ha (40 950 t)

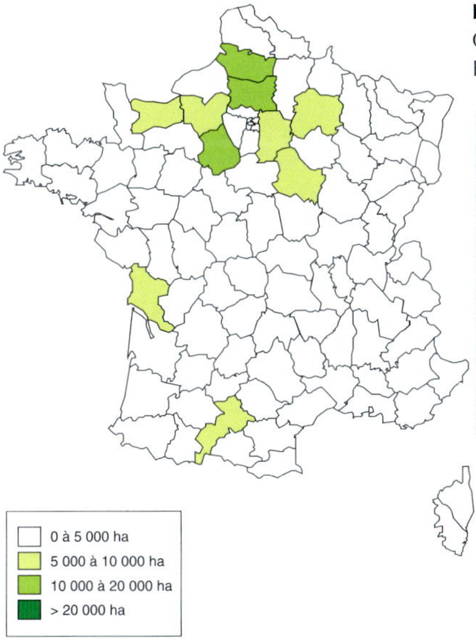

Symptômes de maladie virale (PEMV) sur pois.

Proche de la fève, la **féverole** *(Vicia faba minor)* est cultivée en Europe du Nord et en Europe occidentale pour l'alimentation du bétail en raison de la richesse de ses graines en protéine. Elle peut également être utilisée comme engrais vert. Il existe des variétés d'hiver résistantes au froid. Le semis s'effectue en novembre pour une récolte en août. Il existe également des variétés de printemps à cycle plus rapide mais sensibles au froid. Dans le cas de la production de fourrage, la féverole est coupée entière à la fin de la floraison. Elle est alors soit consommée verte, soit ensilée. Les rendements faibles et irréguliers en limitent la culture. Pour l'année 2007, les surfaces cultivées sont de 54 000 ha avec une production de 250 000 t. Le département de la Seine-et-Marne en est le principal producteur avec 64 900 t.

Les **lupins** (*Lupinus* spp.) appartiennent au patrimoine culturel des civilisations méditerranéennes où ils sont traditionnellement cultivés depuis des millénaires. Ce genre comprend plusieurs espèces cultivées. La plante entière est utilisée soit comme fourrage vert en alimentation des ruminants, soit en grains introduits dans les rations en tant que concentrés. Les lupins sont également utilisés comme engrais vert. Le **lupin blanc** *(L. albus)* et le **lupin jaune** *(L. luteus)* sont les espèces fourragères les plus cultivées. 11 300 t sont produites en France sur 4 800 ha répartis principalement dans l'Ouest (Loire-Atlantique, Mayenne et Deux-Sèvres).

La **luzerne** *(Medicago sativa)* est une plante vivace présentant une grande variabilité morphologique. Il s'agit de la légumineuse fourragère la plus cultivée dans le monde. Elle colonise facilement les bordures des champs et des routes. Elle est semée en culture pure ou en association avec une graminée pérenne. Le semis s'effectue en avril-mai pour une première coupe à la première floraison (juillet) et une deuxième coupe à la deuxième floraison (début septembre). Environ 3 millions de tonnes sont produites annuellement en France sur plus de 296 000 ha. Cette culture est présente un peu partout en France. Le département de la Marne, avec 40 820 ha et 575 000 t, est le principal producteur.

Le **trèfle** (*Trifolium* spp.) est une légumineuse fourragère de petite taille, annuelle ou vivace. Ce genre comprend une cinquantaine d'espèces fourragères dont les principales sont le **trèfle des prés** ou **trèfle violet** *(T. pratense)*, et le **trèfle blanc** *(T. repens)*. Les trèfles sont semés en culture pure ou, plus fréquemment, en association avec une graminée fourragère telle que le ray-grass. Le semis a lieu en avril ou en mai. La première coupe s'effectue en juillet, à la première floraison, et la seconde coupe, début septembre, à la deuxième floraison. Dans le cas d'un semis en septembre, une seule coupe est effectuée la première année. Le trèfle est cultivé un peu partout en France, où environ 325 000 t sont produites chaque année sur plus de 36 000 ha.

D'autres fabacées à petites graines comme la **vesce** *(Vicia sativa)*, le **lotier** *(Lotus cornulatus)* et le **sainfoin** *(Onobrychis sativa)* sont utilisées en association avec des graminées. Leurs cultures sont de moindre importance. Cependant elles peuvent abriter les pucerons inféodés aux légumineuses et servir de réservoir pour les virus.

Maladies et ravageurs

Les cultures de **pois** subissent tout au long de leur végétation de nombreuses maladies cryptogamiques, bactériennes ou virales. Elles sont particulièrement limitées par deux maladies fongiques, la pourriture racinaire et l'anthracnose. La pourriture racinaire peut occasionner des pertes de rendement spectaculaires, jusqu'à 20 q/ha, voire plus, et les méthodes de lutte sont peu efficaces. Les ravageurs les plus importants des fabacées sont les limaces grises et horticoles qui attaquent les semis et les plantules ainsi que les oiseaux dont le pigeon ramier. La tordeuse du pois peut aussi provoquer d'importants dégâts. Plusieurs nématodes attaquent le système racinaire. Sur les feuilles, on peut craindre la noctuelle gamma. Enfin, sur les fleurs et les gousses, on note aussi des dégâts de thrips du pois et de la bruche du pois.

Les maladies les plus à craindre pour la **féverole** sont le botrytis et l'anthracnose. La bruche de la fève est un ravageur important.

Trois maladies spécifiques au **lupin** peuvent être dangereuses pour cette culture : la maladie des taches brunes, qui peut entraîner la mort des plantes par défoliation et nécrose des jeunes tiges, l'anthracnose, transmise par les semences, et la rouille. Des insectes polyphages comme la mouche des semis peuvent perturber l'implantation de la culture.

La **luzerne** subit les attaques du champignon responsable de verticilliose. Cette maladie entraîne un jaunissement et un nanisme des plantes qui meurent, laissant ainsi la place à des mauvaises herbes. L'utilisation récente de variétés de luzerne résistantes à ce champignon fournit une méthode efficace d'intervention contre la maladie. La luzerne est également sensible à la fonte des semis et à la sclérotiniose. Les maladies des feuilles et des tiges sont nombreuses et entraînent des défoliations importantes. Il existe de nombreux ravageurs spécifiques de la luzerne tels que les diptères : la cécidomyie des fleurs et la cécidomyie des pousses. Le charançon des graines de luzerne et la tordeuse de la luzerne attaquent les graines.

La pérennité de la culture du **trèfle** augmente les risques d'attaque parasitaire. Il est sensible en particulier à la fonte des semis et à l'anthracnose. Certains ravageurs spécifiques lui sont parfois nuisibles : la cécidomyie des trèfles, qui s'attaque aux fleurs, ou les apions du trèfle, qui mangent les graines en formation dans les gousses.

Les pucerons et les virus transmis par pucerons

Sur **pois** on compte plusieurs maladies virales transmises par pucerons. La mosaïque-énation du pois (PEMV) peut entraîner une réduction de la production en graines d'environ 40 % en cas d'infection tardive et de 100 % en cas d'infection précoce. Le puceron du pois (*Acyrthosiphon pisum*) et le très polyphage puceron vert du pêcher (*Myzus persicae*) en sont les principaux vecteurs selon le mode persistant. Ils introduisent le virus dans la parcelle en provoquant la formation de foyers, puis le disséminent au gré de leurs déplacements. Entre deux périodes de culture, le virus se maintient dans des légumineuses sauvages ou fourragères. La lutte chimique permet de limiter la dissémination du virus à partir des foyers déjà constitués au sein de la parcelle, mais elle ne protège pas contre la création de nouveaux foyers par des pucerons infectieux venant de l'extérieur.

En culture de pois protéagineux, une autre maladie virale, la mosaïque du pois, transmise par la semence (PSbMV), peut occasionner des pertes de rendement de l'ordre de 15 %. Le virus, introduit par la graine, est ensuite disséminé par les pucerons selon le mode non persistant. Un contrôle de la qualité des semences permet maintenant d'éliminer les lots infectés.

Les autres maladies virales comme le jaunissement des veines du trèfle (CYVV) ou l'enroulement du haricot (BLRV) sont de moindre importance.

Avant la floraison, le puceron du pois (*Acyrthosiphon pisum*) s'observe sur ou sous les feuilles. Ensuite il colonise les boutons floraux, les fleurs, puis les gousses. En plus des dégâts liés à la transmission de virus, il provoque aussi des dégâts directs par prélèvements de sève, entraînant ainsi l'avortement des fleurs et la diminution du rendement, du poids de 1 000 grains et du nombre de gousses. Les hivers doux favorisent la précocité de ses attaques au printemps. Les pertes enregistrées peuvent atteindre 20 q/ha. À côté de cette espèce, on trouve aussi le puceron noir de la fève (*Aphis fabae*), qui est fréquent sur les feuilles et les tiges.

La lutte contre les pucerons est uniquement curative. Il est conseillé d'intervenir au début de la phase de croissance rapide de la population, lorsque le seuil de 30 pucerons par tige est atteint. Ceci se situe généralement pendant la floraison.

Le principal ravageur de la **féverole** est le puceron noir de la fève (*Aphis fabae*). Cette espèce forme des colonies en manchon autour des tiges. Ce puceron est à l'origine de pertes de rendement importantes, en particulier dans l'Est de la France lorsqu'il s'établit précocement.

Sur **lupin**, on peut observer des attaques du puceron du lupin (*Macrosiphum albifrons*). Originaire du continent américain, il a été introduit en Europe en 1981 et observé pour la première fois en France en 1988. Actuellement il demeure peu fréquent.

Sur la **luzerne**, le puceron du pois (*Acyrthosiphon pisum*) est l'espèce la plus abondante. Une coupe anticipée peut réduire considérablement ses effectifs. Le puceron de la vesce (*Megoura viciae*), le puceron noir de la luzerne (*Aphis craccivora*) et le puceron de la luzerne (*Therioaphis trifolii*) sont également fréquents. Les dégâts occasionnés par toutes ces espèces sont de deux sortes : dégâts directs lors de leur pullulation et dégâts indirects en raison de la transmission de virus. Les légumineuses pérennes (luzerne et trèfle) peuvent constituer un réservoir hivernal pour les viroses des légumineuses annuelles comme le pois ou le haricot.

La luzerne subit plusieurs maladies virales. C'est le cas, par exemple, de la mosaïque de la luzerne (AMV) qui provoque des baisses de rendement importantes pouvant aller jusqu'à 70 %. Cette maladie se manifeste au printemps par une mosaïque inter-nervaire et, selon les souches du virus, par un nanisme plus ou moins prononcé. Le virus est transmis par de nombreuses espèces de pucerons sur le mode non persistant et également par les graines issues des plantes infectées.

La mosaïque-énation de la luzerne (LEV) est une grave maladie virale observée depuis 1969. Elle se caractérise par la formation de tumeurs en crêtes-de-coq (énations) pouvant atteindre plusieurs millimètres de hauteur à la face inférieure des nervures principales et secondaires des folioles. Elle est signalée dans le sud de la France et sur le pourtour méditerranéen. La transmission au champ est assurée par des pucerons, notamment le puceron noir de la luzerne (*Aphis craccivora*), selon le mode persistant. Cette maladie est très dommageable pour les sélectionneurs.

Le **trèfle** est sensible à de nombreuses viroses dont certaines sont transmises par puceron (mosaïque de la luzerne, mosaïque jaune du haricot, mosaïque du concombre). Sur trèfle, le puceron le plus fréquent reste le puceron du pois (*Acyrthosiphon pisum*). Le puceron de la luzerne (*Therioaphis trifolii*) entraîne le dessèchement des feuilles. Le miellat produit par les colonies permet un développement de fumagine. Sur les inflorescences, on peut trouver le puceron du trèfle (*Nearctaphis bakeri*) et le puceron du prunier (*Brachycaudus helichrysi*).

Pucerons fréquents	Pucerons occasionnels
Acyrthosiphon pisum	*Brachycaudus helichrysi*
Aphis craccivora	*Macrosiphum albifrons*
Aphis fabae	*Nearctaphis bakeri*
Megoura viciae	*Therioaphis trifolii*
Myzus persicae	*Smynthurodes betae*

Les oléagineux : brassicacées

C'est dans cette famille qu'on trouve la principale plante oléagineuse cultivée sous nos latitudes, le colza (*Brassica napus*). Des plantes fourragères comme les choux et navets cultivés dans les régions d'élevage, ainsi que la moutarde, sont également des brassicacées.

Production

Le **colza** est une plante annuelle dont les fruits (les siliques) renferment de petites graines riches en lipides. Après extraction de l'huile, les résidus riches en protéines sont transformés en tourteaux et utilisés pour l'alimentation animale. Le colza oléagineux a un débouché dans la production de biocarburants. L'amélioration des variétés a permis une extension importante des surfaces cultivées en Europe.

La production d'huile est réalisée à partir de variétés d'hiver, qui sont les plus cultivées. Il existe également des variétés d'hiver et de printemps utilisées en fourrage et consommées par les ruminants. Celles-ci sont produites dans les régions d'élevage.

Avec plus de 1,615 million d'hectares et 4 683 763 t produites, la France est le premier pays européen producteur de colza, suivi de l'Allemagne. La culture se situe surtout dans les régions Centre, Champagne-Ardenne et Bourgogne. Depuis 2007, les surfaces augmentent, le contexte économique étant favorable à cette culture utilisée comme biocarburant.

Le colza.

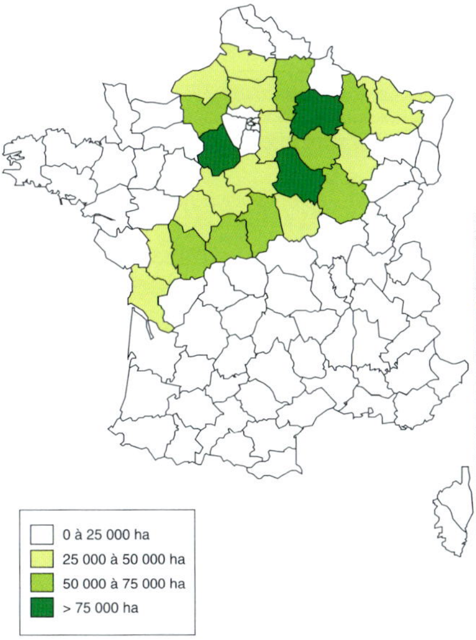

France : 1 615 850 ha (4 683 763 t)
Eure-et-Loir : 82 000 ha (278 800 t)
Marne : 76 341 ha (251 925 t)
Yonne : 73 200 ha (204 960 t)
Cher : 66 500 ha (166 250 t)
Aube : 60 240 ha (180 720 t)
Côte-d'Or : 60 000 ha (168 000 t)

Brevicoryne brassicae sur colza.

Maladies et ravageurs

Les maladies fongiques dommageables au **colza** sont nombreuses. Les principales sont le phoma du colza, la sclérotiniose ou pourriture blanche, la cylindrosporiose, l'oïdium, la pseudocercosporellose ou maladie des taches blanches. On trouve aussi le botrytis, le mildiou, la hernie et l'alternariose. Ces maladies se répartissent sur toute la période végétative du colza depuis le stade rosette jusqu'au stade maturité.

Les ravageurs très nombreux impliquent des traitements insecticides fréquents en relation avec les avertissements agricoles. L'altise d'hiver du colza et l'altise noire des crucifères attaquent les jeunes plantes. Le méligèthe du colza et celui des crucifères attaquent les boutons floraux et peuvent occasionner d'importants dégâts au printemps, notamment sur colza d'hiver. Le gros charançon de la tige du colza, le charançon des siliques et la cécidomyie des siliques des crucifères attaquent les siliques. La petite limace grise et la mouche du chou sont aussi des ravageurs préjudiciables. Le pigeon ramier se nourrit des feuilles. Le charançon du bourgeon terminal détruit ce dernier au moment de la montaison.

Les pucerons et les virus transmis par pucerons

À l'automne, les virus du **colza** transmis par les pucerons peuvent occasionner des pertes de rendement. Le plus répandu est le virus de la jaunisse occidentale de la betterave (BWYV) transmis selon le mode persistant par plusieurs pucerons, dont le puceron vert du pêcher (*Myzus persicae*) ou le puceron noir de la fève (*Aphis fabae*). Le virus de la mosaïque du chou-fleur (CaMV) et le virus de la mosaïque du navet (TuMV) sont moins fréquents.

Au printemps, les pucerons peuvent également provoquer des dégâts directs lorsqu'ils sont nombreux. Les colonies de puceron cendré du chou (*Brevicoryne brassicae*) peuvent entraîner l'avortement des fleurs et un échaudage. Le puceron vert du pêcher (*Myzus persicae*) et le puceron noir de la fève (*Aphis fabae*) déforment les feuilles. À l'automne se rencontre aussi le puceron du navet (*Lipaphis erysimi*) qui peut compromettre la croissance des plantes en cas de pullulation.

Les dégâts dus aux pucerons se traduisent par des pertes de rendement de 5 à 8 q/ha. Si on constate la présence de pucerons dans les cultures d'automne, une surveillance s'impose dès la montaison. Les attaques les plus précoces sont les plus dommageables et nécessitent donc une intervention rapide. Les traitements insecticides sont conseillés à partir de deux colonies visibles par mètre carré. Ces traitements peuvent être limités aux zones touchées et donc appliqués localement dans la parcelle. Les traitements de bordure, en particulier, permettent souvent de diminuer l'attaque.

Pucerons fréquents	Pucerons occasionnels
Aphis fabae	*Aulacorthum solani*
Brevicoryne brassicae	*Macrosiphum euphorbiae*
Lipaphis erysimi	*Myzus ascalonicus*
Myzus persicae	*Myzus ornatus*
	Smynthurodes betae

Les oléagineux : astéracées

Production

La culture du **tournesol** (*Helianthus annuus*) a commencé en Amérique du Nord et a été introduite en Europe à la fin du XVIIe siècle. Les Russes ont très tôt permis son essor en tant que grande culture. Actuellement, les principaux producteurs sont les pays de la CEI, l'Argentine et l'UE. Les principaux producteurs européens de tournesol sont l'Espagne en superficie et la France en tonnage. Cette culture, très répandue en France dans les années 1990 (1 120 000 ha en 1990), a régressé de moitié depuis lors. Actuellement la surface consacrée au tournesol n'est plus que de 518 606 ha, principalement en Poitou-Charentes et Midi-Pyrénées, pour une production de 1,3 million de tonnes.

Le tournesol est essentiellement destiné à la production d'huile alimentaire extraite des graines. Les résidus, riches en matières azotées, sont utilisés pour l'alimentation animale sous forme de tourteaux. Il peut être aussi cultivé comme fourrage vert et offre un débouché éventuel dans la production de biocarburants. C'est une culture annuelle, semée au printemps et récoltée en automne lorsque les graines sont les plus sèches possible afin de réduire les frais de séchage.

Le tournesol.

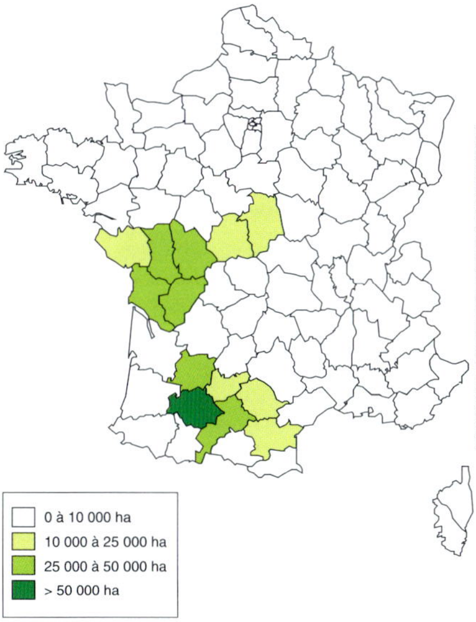

France : 518 606 ha (1 307 922 t)
Gers : 58 200 ha (133 860 t)
Haute-Garonne : 46 300 ha (106 490 t)
Charente-Maritime : 40 000 ha (108 000 t)

Dégâts de *Brachycaudus helichrysi* sur tournesol.

Maladies et ravageurs

Actuellement, les maladies les plus importantes sur le **tournesol** sont le mildiou (dont l'agent est un organisme de quarantaine pour lequel la lutte est obligatoire), le sclérotinia, le phomopsis et le phoma.

Les ravageurs provoquent moins de dégâts que les maladies. Cependant la petite limace grise, la limace horticole et la tipule des prairies ainsi que le thrips du tabac et de l'oignon attaquent surtout les jeunes plantes. Le moineau domestique, le verdier et la linotte mélodieuse dévorent les graines du capitule à maturité, surtout dans les petites parcelles isolées utilisées pour la production de semences.

Les pucerons et les virus transmis par pucerons

Sur culture de **tournesol** les dégâts occasionnés par le puceron du prunier (*Brachycaudus helichrysi*) sont souvent spectaculaires. La présence de colonies entraîne une crispation du feuillage, qui est d'autant plus forte que les pullulations de pucerons sont précoces, aux stades 2 ou 3 paires de feuilles, voire plus tôt. La perte de rendement peut alors atteindre 4 q/ha. Ces crispations peuvent créer des sites favorables à la germination des spores de sclérotinia. Après le dégagement du bouton floral, on admet qu'il n'y a plus de pertes à redouter. En cas d'attaque de pucerons, une intervention insecticide peut se justifier. Les produits autorisés en traitement foliaire sont efficaces. La pulvérisation doit être appliquée tôt : au début ou juste avant la phase de multiplication exponentielle des populations.

Le tournesol attire de nombreux insectes à la recherche de pollen, de nectar ou d'exsudats, en particulier les abeilles. Les traitements contre les pucerons doivent donc être réalisés en dehors des périodes de butinage, le soir de préférence. Les produits homologués portent tous la mention « sans danger pour les abeilles ».

Pucerons fréquents	Pucerons occasionnels
Brachycaudus helichrysi	*Aphis fabae*
Myzus persicae	*Myzus ornatus*
Trama spp.	*Aulacorthum solani*
	Macrosiphum euphorbiae

Les poacées

Dans cette famille, nous trouvons les céréales à paille (**blé**, **orge**, **avoine**, **seigle** et **triticale**), les graminées fourragères (**dactyle**, **fétuque**, **fléole**, **ray-grass anglais** et **ray-grass italien**) et le **maïs**. Les céréales à paille se conservent sous forme de grains de grande valeur nutritionnelle par leurs substances amylacées et leurs protéines. Elles sont de transformation aisée et variée. Les graminées fourragères sont essentielles pour l'alimentation des animaux et le maïs est une céréale utilisée pour l'alimentation humaine et animale.

Production

Les premiers indices de récolte de céréales datent de 8 000 ans av. J.-C., dans le Croissant fertile. Le **blé tendre** (*Triticum aestivum*) y est apparu entre 6 000 et 8 000 ans av. J.-C. Sa culture s'est répandue ensuite vers le Bassin méditerranéen et l'Europe.

L'amélioration des techniques culturales et la sélection génétique réalisées depuis le début du XXe siècle ont conduit à une augmentation importante et générale des rendements du blé, mais de façon variable selon les continents et les pays. L'Europe du Nord-Ouest est caractérisée par ses rendements élevés, conséquence d'une culture intensive pratiquée sur de petites surfaces. En

France, le blé tendre est la première culture en surface et en production et couvre 4,8 millions d'hectares. Si la surface est restée stable depuis 1955, la production, qui était de 10 millions de tonnes à cette date, a atteint 37 millions en 2004.

Le blé tendre est cultivé sur l'ensemble du territoire avec une prépondérance très marquée dans le Nord et le Bassin parisien.

Le blé tendre.

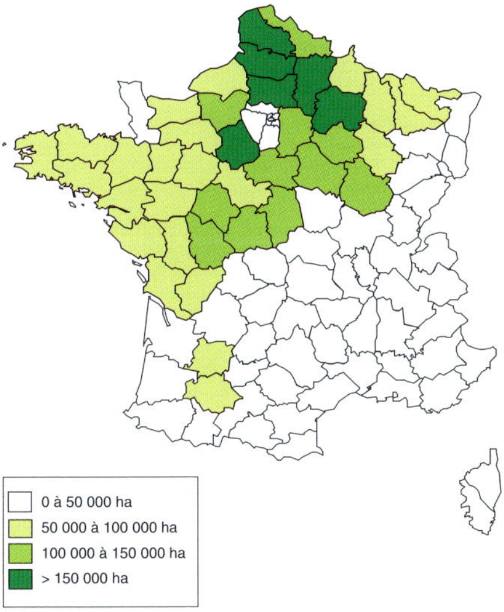

France : 4 780 741 ha (30 756 056 t)
Somme : 185 110 ha (1 387 020 t)
Aisne : 175 920 ha (1 336 896 t)
Eure-et-Loir : 172 000 ha (1 290 000 t)
Marne : 162 000 ha (1 295 600 t)
Pas-de-Calais : 160 400 ha (1 170 614 t)

Colonie de *Sitobion avenae* sur épis de blé.

Le **blé dur** (*Triticum durum*) est essentiellement cultivé dans le Centre et le Sud-Ouest de la France (sur 450 000 ha pour 2 millions de tonnes produites). Il est destiné à la semoulerie et à la fabrication de pâtes alimentaires.

L'**orge** à deux rangs (*Hordeum vulgare spontaneum*), répandue depuis la Grèce et la Libye jusqu'au nord-est de l'Inde, est reconnue comme la forme ancestrale de l'orge cultivée. Des types à deux rangs remontant au Néolithique (7000 av. J.-C.) ont été retrouvés dans le Croissant fertile. Les variétés actuelles d'orge à deux rangs sont surtout utilisées en malterie.

L'orge à six rangs (*Hordeum vulgare hexastichum*) porte le nom d'**escourgeon**. C'est une sous-espèce d'orge. Elle est employée en alimentation animale sous forme de grains ou de fourrage et elle a également un débouché en malterie.

Les orges figurent au 4e rang mondial des céréales après le blé, le riz et le maïs. Les principaux pays producteurs sont la Russie, l'Ukraine, le Canada et l'Espagne. En France, l'orge reste, après le blé et le maïs, la 3e céréale cultivée. Elle est produite essentiellement dans le Nord, l'Est et le Bassin parisien : 1,7 million d'hectares sont consacrés à cette culture pour plus de 9,4 millions de tonnes produites chaque année en France. La culture, qui a connu son essor dans les années 1950, connaît actuellement une diminution liée à la concurrence du blé (plus productif et plus rentable) et des oléagineux (colza et tournesol).

On distingue les orges de printemps semées dès la fin février, qui sont toutes des types à deux rangs, des orges d'hiver semées début octobre, qui peuvent être selon les variétés à deux ou à six rangs.

L'orge.

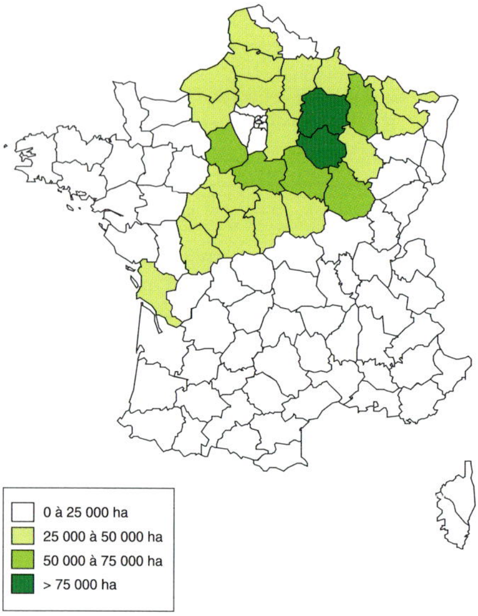

France : 1 697 765 ha (9 466 429 t)
Marne : 105 755 ha (675 629 t)
Aube : 86 185 ha (549 623 t)
Yonne : 74 000 ha (395 400 t)
Côte-d'Or : 72 200 ha (374 020 t)

Jaunisse nanisante de l'orge (BYDV).

L'**avoine** (*Avena sativa*) et le **seigle** (*Secale cereale*) continuent de régresser en surface cultivée, car ces deux céréales sont adaptées à des sols acides et pauvres que l'on sait amender aujourd'hui. La paille et les grains de l'avoine sont utilisés pour la nourriture des animaux domestiques, en particulier les chevaux. Elle trouve également sa place dans l'alimentation humaine sous forme de flocons ou de porridge. Sa culture permet de produire 413 000 t sur 106 000 ha. Originaire du Sud-Ouest asiatique, le seigle est cultivé pour son grain utilisé en farine qui entre dans la composition de certains pains ou dans la fabrication de galettes. 116 000 t sont annuellement produites sur environ 26 700 ha.

Le **triticale** est une espèce synthétique (*Triticosecale*) créée dans la première moitié du XXe siècle pour réunir les qualités de deux espèces, le blé et le seigle, alliant l'aptitude à la panification de l'une à la rusticité de l'autre. Si le triticale présente un intérêt certain du point de vue agronomique, il est en fait non panifiable et reste boudé par les filières industrielles et commerciales. Considéré comme un blé fourrager, il est réservé à l'alimentation animale. Cette culture couvre 325 000 ha en France pour 1,5 million de tonnes produites.

Les graminées fourragères, le **dactyle** (*Dactylis glomerata*), les **fétuques** (*Festuca* spp.), la **fléole** (*Phleum pratensis*), le **ray-grass anglais** (*Lolium perenne*) et le **ray-grass italien** (*Lolium multiflorum*) sont utilisées pour l'alimentation animale sous forme de pâturage, foin ou ensilage. Elles peuvent être semées en prairie temporaire, en culture pure, en mélange ou en association avec une légumineuse fourragère, ou constituer le fond des prairies naturelles. Les surfaces fourragères sont étroitement liées à l'élevage des herbivores. Les prairies temporaires, en place pour une durée variable de 1 à 6 ans, voient leur superficie augmenter régulièrement. Six régions en comptent plus d'un million d'hectares : Pays de la Loire, Midi-Pyrénées, Auvergne, Bretagne, Rhône-Alpes et Basse-Normandie.

Originaire d'Amérique centrale et introduit en Europe au XVIe siècle, le **maïs** est une céréale annuelle. Au niveau mondial, il est, après le blé et le riz, l'une des plantes les plus importantes pour l'alimentation directe ou indirecte de l'homme. La France est le premier producteur européen de maïs, qui est la deuxième céréale cultivée après le blé. Il est cultivé pour ses grains, riches en amidon, utilisés dans l'alimentation humaine et animale ou dans diverses industries. La plante entière peut être consommée par le bétail comme fourrage frais ou sec, ou comme ensilage.

La production de **maïs fourrage** représente 17 millions de tonnes sur 1,3 million d'hectares. Elle se concentre en Bretagne et en Normandie ainsi que dans les autres régions d'élevage.

Le maïs fourrage.

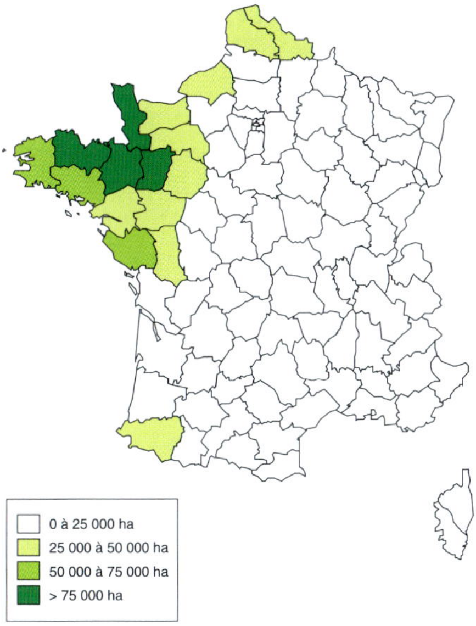

France : 1 332 011 ha (17 230 306 t)
Ille-et-Vilaine : 94 500 ha (1 275 750 t)
Manche : 85 700 ha (1 036 970 t)
Côtes-d'Armor : 80 500 ha (925 750 t)
Mayenne : 76 800 ha (1 082 880 t)

La culture de **maïs grain** couvre près de 1,5 million d'hectares et produit 14 millions de tonnes. Elle est particulièrement importante dans le Sud-Ouest, l'Ain et l'Alsace.

Le maïs grain.

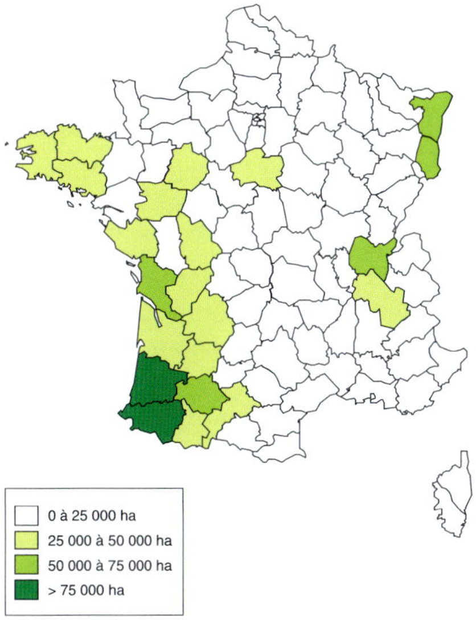

France : 1 522 270 ha (14 431 099 t)
Landes : 121 700 ha (1 209 390 t)
Pyrénées-Atlantiques : 84 100 ha (719 380 t)

Maladies et ravageurs

Sur **blé**, les principales maladies fongiques sont dues à des champignons à dissémination aérienne (septoriose, rouille jaune, rouille brune, fusariose, helminthosporiose, oïdium). La septoriose et la rouille jaune sont les plus fréquentes et peuvent provoquer des baisses de rendement importantes sur les variétés les plus sensibles. Certaines souches de fusarioses produisent des mycotoxines. Des maladies à propagation par le sol, comme le piétin échaudage, sont également très nuisibles localement. Outre les pucerons, les principaux ravageurs aux stades germination et plantule sont les taupins, les limaces, la mouche grise des céréales, les tipules, les zabres (essentiellement dans le Sud), les oscinies, les corbeaux et les étourneaux, et en végétation, les criocères des céréales, les cécidomyies des fleurs (surtout dans le quart nord de la France), ainsi que des rongeurs (mulots) et les moineaux. Par ailleurs, plus localement, en particulier dans le Sud-Ouest, les nématodes à kystes des céréales peuvent faire des dégâts importants sur céréales d'hiver.

Les principales maladies fongiques de l'**orge** sont pour partie les mêmes que celles du blé (mais souvent dues à des espèces ou des souches différentes de pathogènes), comme la rouille naine, l'oïdium, les fusarioses, l'helminthosporiose, et pour partie spécifiques à l'orge (la rhynchosporiose et la ramulariose). Les ennemis animaux sont globalement les mêmes que ceux du blé.

Sur **blé** et quelquefois **orge**, une maladie virale transmise par des cicadelles du genre *Psammotettix*, le nanisme du blé, semble être en expansion depuis la fin des années 1990. Elle provoque des dégâts assez voisins de ceux de la jaunisse nanisante de l'orge (voir plus loin), et les deux pathogènes sont fréquemment trouvés en co-infection.

Les maladies du **maïs** dues à des champignons (charbon, rouille, fusariose et helminthosporiose) ou à des virus (nanisme rugueux ou MRDV transmis par le Delphacide *Laodelphax striatellus*) font généralement assez peu de dégâts. Il n'en est pas de même des ravageurs. Citons en particulier à la germination et au stade plantule : les taupins qui peuvent entraîner des pertes supérieures à 50 % lorsque le maïs est semé sur précédent prairie, les oscinies et les geomyzas. Sur plante adulte, les principaux ravageurs sont la pyrale du maïs, la sésamie, surtout dans le Sud de la France, et les noctuelles. Signalons également qu'il existe en France depuis les années 2000 des foyers d'installation d'un insecte américain, la chrysomèle du maïs, dont les larves hypogées détruisent les racines, provoquant la verse des pieds. Elle est essentiellement nuisible au maïs en monoculture.

Les maladies les plus graves sur **graminées fourragères** sont les rouilles qui peuvent entraîner une diminution de rendement de 10 à 20 %. On rencontre également sur le ray-grass une virose, la mosaïque du ray-grass (RGMV) transmise par un acarien, *Abacarus hystrix*. Les ravageurs des plantules sont souvent les mêmes que ceux du blé et de l'orge. Sur plantes adultes, les larves de la noctuelle des moissons et de la noctuelle ipsilon se développent à l'intérieur des tiges. Enfin les chenilles de la noctuelle des graminées, de la noctuelle des fourrages et de la noctuelle ponctuée dévorent les bords des feuilles.

Les pucerons et les virus transmis par pucerons

Trois espèces de pucerons sont fréquentes sur **blé**, **orge** et **maïs** : le puceron des céréales et du merisier à grappes (*Rhopalosiphum padi*), le puceron des épis

(*Sitobion avenae*) et dans une moindre mesure le puceron des céréales et du rosier (*Metopolophium dirhodum*). Le premier est particulièrement abondant sur maïs en fin d'été et début d'automne, et sur les céréales d'hiver semées précocement (début octobre). Les deux autres ont une dynamique plutôt printanière sur orge et surtout blé où *Sitobion avenae* peut diminuer le rendement de 10 % et plus lorsqu'il pullule du début de l'épiaison au remplissage du grain. En fin d'automne, les colonies de l'espèce *Rhopalosiphum maidis* sont fréquentes sur repousses d'orge, puis sur jeunes semis d'orge également. Elles ne paraissent pas occasionner de dégâts significatifs sur ces derniers.

En fin de végétation du maïs, on peut voir des feuilles et des panicules recouvertes de colonies de *Rhopalosiphum padi* excrétant du miellat sur lequel se développent des fumagines. Les dégâts résultent d'une réduction de la photosynthèse qui peut entraîner un avortement des grains.

Ces pucerons peuvent également se développer sur **graminées fourragères** avec une certaine spécificité d'hôte : ainsi on trouvera essentiellement *Rhopalosiphum padi* sur le ray-grass, *Sitobion avenae* sur le dactyle et *Metopolophium dirhodum* sur les fétuques. Une quatrième espèce est assez fréquente sur feuilles de plusieurs graminées, *Metopolophium festucae*. Sur le collet et les racines, on peut trouver des espèces de pucerons souterraines comme *Anoecia* spp. et *Tetraneura* spp.

Rhopalosiphum padi, Sitobion avenae et *Metopolophium dirhodum* sont les principaux vecteurs des virus de la jaunisse nanisante de l'orge (BYDV et/ou CYDV). Ces virus sont transmis sur le mode persistant : à la fin de l'été, les pucerons (surtout les *Rhopalosiphum padi*, qui sont les plus nombreux) ont acquis les virus sur les repousses de céréales à paille, le maïs et les graminées fourragères, et les transmettent aux semis d'orge et de blé qui ont pu lever avant la fin des vols de pucerons (début novembre dans la moitié nord de la France). Sur céréales d'hiver les symptômes se manifestent en février. Ils sont particulièrement violents chez l'**orge** (mortalité de plantules, jaunissement des feuilles, tallage aberrant) et s'amplifient au printemps (mauvaise montaison, faible épiaison, petits grains). Les orges de printemps sont extrêmement sensibles aux contaminations printanières, effectuées essentiellement par *Metopolophium dirhodum* et *Sitobion avenae*.

Les symptômes sont plus légers chez le **blé** (plantes adultes légèrement plus petites et rougissement de la feuille culmaire) que chez l'orge, mais les baisses de rendement, qui peuvent atteindre plusieurs dizaines de quintaux à l'hectare, sont du même ordre de grandeur sur les deux cultures à date de semis identique.

Sur **maïs** la jaunisse nanisante de l'orge est transmise au printemps par les pucerons provenant des céréales et des graminées fourragères infectées. Elle y est souvent asymptomatique, néanmoins on peut parfois observer des rougissements des bords des limbes. Les pertes de rendement semblent rares et faibles. *Rhopalosiphum padi, Sitobion avenae*, ainsi que de nombreuses espèces non inféodées aux graminées, transmettent sur le mode non persistant le virus de la mosaïque nanisante du maïs (MDMV), maladie assez fréquente en zone méditerranéenne.

Les virus de la jaunisse nanisante de l'orge sont capables d'infecter toutes les **graminées fourragères**. On observe rarement des symptômes, sauf chez le ray-grass (rougissement ou jaunissement des feuilles âgées). La striure du dactyle (CSV) est également transmise par les pucerons des graminées selon le mode non persistant. Les graminées fourragères constituent ainsi des réservoirs de maladies à virus transmises par de nombreuses espèces de pucerons.

Les traitements insecticides ne concernent que l'orge et le blé au semis à l'automne contre les vecteurs des virus de la jaunisse nanisante de l'orge, et que le blé au printemps contre *Sitobion avenae*. Dans le premier cas, l'enrobage des semences avec un insecticide systémique néonicotinoïde permet d'éviter la dissémination des virus dans la parcelle. On peut également utiliser des traitements foliaires avec un pyréthrinoïde au stade plantule. Il existe un outil d'aide à la décision (OAD) permettant de décider du traitement. Celui-ci permet de piloter les traitements en fonction d'une simulation des populations de pucerons à partir de l'épiaison. Dans le cas de *Sitobion avenae* au printemps, seuls des traitements foliaires sont possibles. Ils ne sont pas nécessaires si moins de la moitié des épis sont infestés à l'épiaison.

Pucerons fréquents	Pucerons occasionnels	Pucerons des racines
Metopolophium dirhodum	*Diuraphis spp.*	*Anoecia* spp.
Metopolophium festucae	*Rhopalosiphum maidis*	*Baizongia* spp.
Rhopalosiphum padi	*Schizaphis graminum*	*Forda* spp.
Rhopalosiphum insertum	*Sipha (Rungsia) elegans*	*Geoica* spp.
Sitobion avenae	*Sipha (Rungsia) maydis*	*Paracletus spp.*
Sitobion fragariae		*Tetraneura* spp.

Les solanacées

Les solanacées comprennent une grande variété de plantes cultivées pour la consommation, la transformation et la production de plants. Dans cet ouvrage nous traitons uniquement les deux espèces de grande culture, la **pomme de terre** et le **tabac**. Pour les autres espèces, le lecteur pourra se reporter à l'ouvrage consacré aux pucerons des plantes maraîchères[1].

Production

Originaire de la cordillère des Andes, la **pomme de terre** (*Solanum tuberosum*) fut introduite en Europe au XVIe siècle. Elle est maintenant cultivée partout dans le monde. Elle est la cinquième production mondiale après le blé, le maïs, le riz et l'orge. La pomme de terre est consommée telle quelle en frais ou après conservation. Elle se prête également à la transformation (produits frits ou déshydratés, conserves, plats cuisinés, distilleries, féculeries).

Les deux régions Nord-Pas-de-Calais et Picardie assurent 50 % de la production nationale avec plus de 91 000 ha et 4,5 millions de tonnes produites. La Bretagne est la principale région productrice de pomme de terre primeur et demi-saison. Avec 70 kg par habitant et par an (45 kg consommés en frais et 25 kg sous forme de produits transformés), la pomme de terre reste le légume le plus consommé en France. Les dates de plantation et de récolte dépendent des variétés et de l'usage, primeur, conservation ou transformation, qui en est fait. Elles s'échelonnent du début de l'année au printemps pour la plantation et du printemps à la fin de l'été pour le défanage et la récolte des tubercules.

1. Hullé M., Turpeau-Ait Ighil E., Robert Y., Monnet Y., *Les pucerons des plantes maraîchères*, éditions Inra/Acta, 1999.

La pomme de terre.

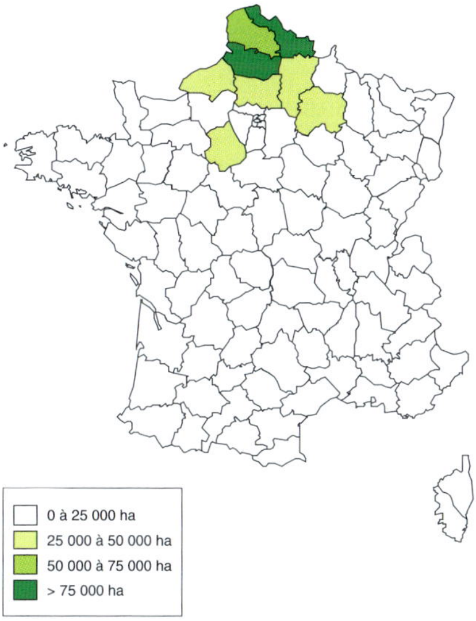

France : 158 776 ha (7 205 778 t)
Somme : 31 230 ha (1 525 487 t)
Nord : 26 045 ha (1 278 412 t)

Symptôme du virus Y sur pomme de terre.

Originaire d'Amérique du Sud, la culture du tabac (*Nicotiana tabacum*) s'est généralisée en Europe à partir de 1560. Vivace au Mexique, le tabac est cultivé comme une plante annuelle en Europe. Ses grandes feuilles larges et riches en nicotine sont utilisées, une fois séchées, pour la fabrication de cigares et de cigarettes. Dans une moindre mesure, le tabac est utilisé en parfumerie. Sa production est en diminution en France et représente actuellement 26 000 t produites sur 9 000 ha. Elle est concentrée dans deux départements : le Bas-Rhin et le Lot-et-Garonne, qui couvrent 25 % de la surface totale.

Le tabac.

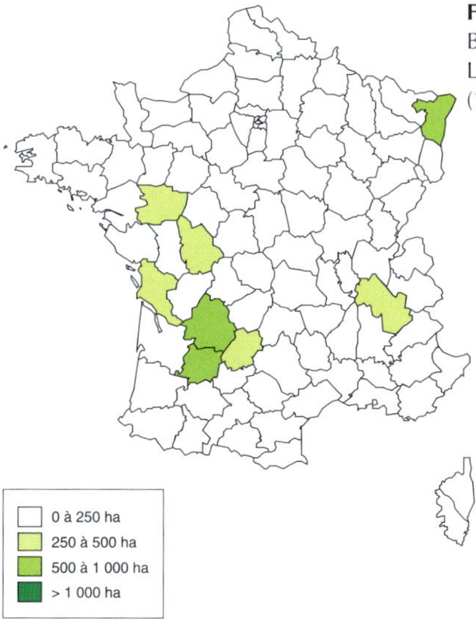

France : 6 930 ha (16 394 t)
Bas-Rhin : 953 ha (2 700 t)
Lot-et-Garonne : 870 ha (1 910 t) Dordogne: 593 ha (1 376 t)

Colonie de *Myzus persicae nicotianae* sur tabac.

Les graines sont semées au printemps ; les plants sont repiqués entre les stades 4 et 7 feuilles. La culture du tabac demande beaucoup d'attention et elle est très réglementée : élimination des feuilles les plus basses (épamprement), pincement de la tige au-dessus du nombre réglementaire de feuilles (écimage), suppression des rameaux secondaires (ébourgeonnage). Les plantes sont récoltées vers la fin de l'été et mises dans des séchoirs.

Maladies et ravageurs

Le mildiou est la maladie la plus dangereuse pour la culture de **pomme de terre** : il provoque des diminutions importantes de récolte, allant jusqu'à la perte totale. Les attaques de rhizoctone brun qui se manifestent à la levée peuvent aussi affecter très sérieusement le rendement. La gangrène, la fusariose et les pourritures bactériennes occasionnent au cours de la conservation des pertes plus ou moins graves. La gale commune, tout comme la gale argentée et le rhizoctone déprécient la qualité marchande des tubercules. Parmi les insectes ravageurs, le doryphore originaire d'Amérique du Nord, a posé de graves problèmes en Europe, sauf en Grande-Bretagne. Aujourd'hui, il semble maîtrisé presque partout. Cependant on observe ici et là des résurgences de populations, particulièrement dans le sud de la France. Les larves de taupins entraînent des dépréciations marchandes des tubercules. Les nématodes engendrent des galles sur les racines. Dans le sud de la France, les tiges peuvent être rongées par des larves de la teigne de la pomme de terre. Les cicadelles peuvent provoquer des « brûlures » du feuillage. L'altise de la pomme de terre peut blesser les tubercules et permettre l'entrée de maladies bactériennes ou fongiques.

Sur **tabac,** en semis ou dans les champs, le mildiou prend parfois un caractère épidémique très grave. D'autres maladies sont redoutées comme la fonte des semis, la pourriture noire des racines et les viroses. Sur semis de tabac, on note des dégâts de taupe. Le stade plantule est le plus fragile, avec des dégâts de la petite limace grise, de la petite hépiale du houblon. Sur plante adulte, on constate des dégâts de la noctuelle des moissons, de la noctuelle ipsilon et du thrips du tabac et de l'oignon. Au séchoir, le tabac peut aussi être dégradé par différentes moisissures.

Les pucerons et les virus transmis par pucerons

Plusieurs virus transmis par pucerons peuvent infecter la **pomme de terre**. Le plus important économiquement est le virus Y (PVY), connu sous le nom de mosaïque, de frisolée ou de bigarrure. C'est un virus non persistant transmis par différentes espèces de pucerons. L'inoculum initial peut provenir de plantes malades de la parcelle ou du voisinage, de repousses infectées, d'autres solanacées cultivées (tabac, tomate, piment) ou d'adventices (morelle noire). Le puceron vert du pêcher (*Myzus persicae*) reste le principal vecteur de ce virus, suivi du puceron du nerprun (*Aphis nasturtii*). Cependant des ailés d'autres espèces pas toujours inféodées à la pomme de terre peuvent également transmettre le virus. Si ces ailés sont très nombreux, ils peuvent alors jouer un rôle important dans la vection des virus et donc dans le développement de la maladie. La manifestation des symptômes en végétation dépend de la souche de virus Y (Y^o : Y ordinaire ou Y^n : Y nécrotique), de la variété de pomme de terre, des conditions climatiques et du type d'infection primaire (contamination de l'année en cours) ou secondaire (contamination de l'année précédente). Le virus de l'enroulement de la pomme de terre (PLRV) est un autre virus important. Il est transmis sur le mode persistant essentiellement par le puceron vert du pêcher (*Myzus persicae*). D'autres espèces comme le puceron strié de la digitale et de la pomme de terre (*Aulacorthum solani*) et le puceron vert et rose de la pomme de terre (*Macrosiphum euphorbiae*) peuvent également transmettre ce virus, mais de façon moins efficace.

Les pucerons, outre leur rôle en tant que vecteurs de virus des plantes, occasionnent des dégâts directs en prélevant une quantité non négligeable de sève. Trois espèces sont couramment rencontrées sur pomme de terre. Le puceron vert du pêcher (*Myzus persicae*) colonise de préférence les feuilles des étages inférieurs. Le puceron vert et rose de la pomme de terre (*Macrosiphum euphorbiae*) se situe surtout sur les hampes florales, où les colonies forment un manchon lorsqu'elles pullulent. Le puceron strié de la digitale et de la pomme de terre (*Aulacorthum solani*) se développe sur les feuilles des étages inférieurs et intermédiaires. Depuis 1996, en Champagne-Ardenne, Picardie et Nord-Pas-de-Calais, on remarque la présence importante de deux autres espèces sur feuillage : le puceron du nerprun (*Aphis nasturtii*) et le puceron de la bourdaine (*Aphis frangulae*). Dans les régions à climat chaud, cette dernière espèce peut être remplacée par le puceron du melon et du cotonnier (*Aphis gossypii*), qui appartient au même groupe d'espèces. Les premiers individus d'*Aphis nasturtii* sont observés en juin, et les colonies se développent sur les feuilles inférieures en juillet où elles peuvent pulluler.

> La lutte chimique entreprise contre la dissémination des virus par les pucerons connaît des échecs souvent liés à la sélection de pucerons résistants. Le suivi des populations de pucerons permet de mettre en œuvre une lutte raisonnée efficace sans perte de rendements avec une réduction importante du nombre de traitements. Le choix des produits insecticides doit se faire en fonction des espèces présentes qui ont des sensibilités différentes aux diverses matières actives autorisées. Cette lutte ne peut se faire que par la connaissance des espèces, associée à un respect des règles d'applications : traitement au seuil d'intervention, ne pas traiter aux périodes les plus chaudes de la journée avec une hygrométrie faible, augmenter les volumes d'eau, bien faire pénétrer l'aphicide dans les parties basses de la plante, intervenir toujours après l'irrigation pour éviter les lessivages. Le respect de ces règles permet de maîtriser efficacement les populations de pucerons en culture de pomme de terre. La lutte intégrée permet de tenir compte des pratiques culturales, des prévisions des risques, des seuils d'intervention et de limiter l'emploi de la lutte chimique.

Les viroses du **tabac** représentent un facteur non négligeable de limitation de la production dans certaines régions. L'implantation à grande échelle des tabacs blonds a modifié leur incidence. Les types Virginie et Burley sont plus sensibles aux virus que les tabacs bruns. Deux virus transmis par pucerons sont prépondérants sur tabac : le virus Y de la pomme de terre (PVY) et le virus de la mosaïque du concombre (CMV). On trouve plus rarement le virus de la mosaïque de la luzerne (AMV) transmis également par pucerons dans les cultures de tabac situées à proximité de luzernières. Les principaux vecteurs de ces virus sont le puceron du melon et du cotonnier (*Aphis gossypii*) et le puceron vert du pêcher (*Myzus persicae*). De plus la présence de colonies de *Myzus persicae* entraîne la crispation du feuillage. Quels que soient le ou les virus présents dans la plante, la nature et l'intensité de leurs symptômes peuvent varier en fonction du type de tabac cultivé, de la variété mais surtout en fonction de la nature des souches de virus intervenant. Ils sont responsables de diminutions de rendements et de modifications de la qualité des feuilles de tabac pouvant entraîner le déclassement de la récolte.

Pucerons fréquents	Pucerons occasionnels
Aphis fabae	*Aulacorthum (Neomyzus) circumflexum*
Aphis frangulae / gossypii	*Myzus ascalonicus*
Aphis nasturtii	*Myzus ornatus*
Aulacorthum solani	*Rhopalosiphoninus latysiphon*
Macrosiphum euphorbiae	*Smynthurodes betae*
Myzus persicae	

Les pucerons : cycles biologiques

Identification

Les pucerons appartiennent à l'ordre des Hémiptères* et au sous-ordre des Sternorrhynches, comme les psylles, les aleurodes et les cochenilles qui comptent également dans leurs rangs des ravageurs importants. Près de 4 700 espèces de pucerons ont été décrites dans le monde, dont 900 se rencontrent en Europe. Ils ont colonisé la plupart des plantes à fleurs mais aussi les résineux, quelques fougères et mousses.

Ce sont de petits insectes de quelques millimètres seulement. Ils comportent quatre stades larvaires qui ressemblent à des adultes aptères* en miniature, ont le même mode de vie et provoquent les mêmes types de dégâts.

La morphologie d'un puceron ailé (d'après Cottier, 1953).

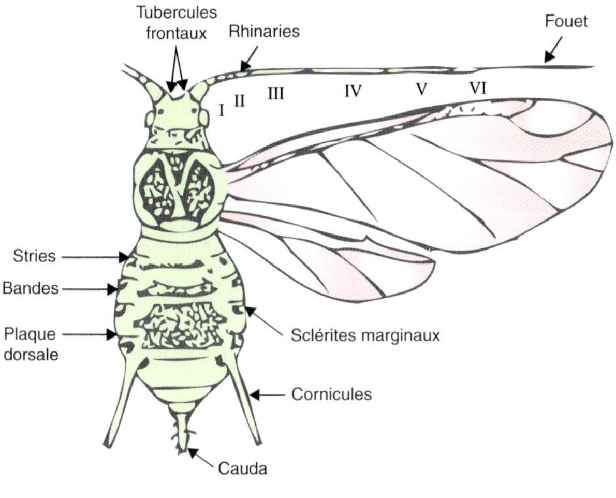

L'identification des espèces repose essentiellement sur des critères morphologiques des adultes ailés dont les principaux sont présentés ci-dessus.

Sur la tête sont insérées les antennes. Elles sont formées généralement de six articles dont le dernier comprend une partie plus renflée, la base, et une partie plus fine souvent plus longue, le fouet. Les antennes sont insérées directement sur le front ou sur des protubérances, appelées tubercules frontaux. Certains articles antennaires possèdent des organes olfactifs : les rhinaries*, dont le nombre et la forme sont un critère d'identification.

Le thorax comprend trois segments : le prothorax, le mésothorax et le métathorax. Chez l'ailé le mésothorax est sclérifié. Le thorax porte les trois paires de pattes, et les deux paires d'ailes pour les formes ailées.

L'abdomen comporte dix segments difficiles à différencier. Le cinquième ou le sixième porte une paire de cornicules* qui sont des organes d'excrétion de phéromones d'alarmes que les pucerons émettent lorsqu'ils ressentent un danger. Leur longueur et leur forme sont très utiles pour séparer les espèces. Le dernier segment constitue la cauda. Sur l'abdomen, la pigmentation due aux stries, bandes, plaques, sclérites est également un critère d'identification.

Cycles biologiques

Les pucerons : un mode de vie complexe

Mode de reproduction

Les pucerons comptent parmi les rares animaux qui changent de mode de reproduction en fonction des conditions environnementales. Ils passent la majeure partie de l'année sous forme d'individus parthénogénétiques* femelles qui donnent naissance directement à plusieurs dizaines de jeunes larves sans avoir été fécondées par des mâles. Ces jeunes larves deviennent rapidement adultes en moins de deux semaines entre 15 et 20° C et se reproduisent à leur tour, pouvant multiplier la population de façon très importante. Ainsi, entre quinze et vingt générations peuvent se succéder au cours de cette phase de multiplication asexuée qui dure du printemps à l'automne. Cette absence de sexualité fait que tous les individus issus d'une même femelle parthénogénétique sont génétiquement identiques entre eux et constituent une lignée clonale*.

À l'automne, les pucerons perçoivent la baisse de la durée du jour annonciatrice de l'arrivée de l'hiver. Pour la plupart des espèces présentes sur nos territoires, cela déclenche un deuxième mode de reproduction basé, lui, sur la sexualité. Les femelles parthénogénétiques donnent alors naissance à des individus sexués, des mâles et des femelles fécondables. Ces femelles parthénogénétiques particulières à l'origine des formes sexuées sont qualifiées de sexupares*. Mâles et femelles issus des différents clones* vont s'accoupler, et les femelles fécondées vont pondre cette fois-ci des œufs, résistants au froid, qui resteront en diapause* tout l'hiver jusqu'au printemps suivant. De ces œufs naîtront les premières femelles parthénogénétiques de la saison, les fondatrices*, qui seront chacune à l'origine d'un nouveau clone.

Ce cycle complet, avec cette alternance entre une phase de multiplication asexuée et une phase sexuée – on dit aussi holocyclie* –, représente le mode de reproduction ancestral des pucerons, la parthénogenèse cyclique.

Cycle de reproduction.

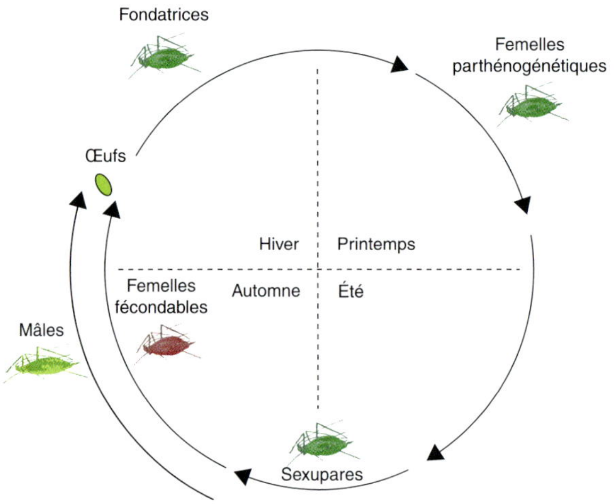

Quelques espèces de pucerons (3 % environ) ont abandonné complètement la phase sexuée dans leur cycle et se reproduisent continuellement de manière clonale – on parle alors d'anholocyclie* ou de parthénogenèse obligatoire. De la même façon, beaucoup d'espèces de pucerons possèdent en leur sein une fraction de leurs populations qui se reproduit de façon holocyclique et une fraction plus ou moins importante qui est anholocyclique. C'est le cas d'un grand nombre des espèces des grandes cultures. Mais pourquoi une telle variabilité dans le mode de reproduction ?

Chacun des deux modes présente des avantages et des inconvénients qui s'équilibrent de telle façon qu'ils se sont maintenus conjointement au cours de l'histoire évolutive des pucerons. La reproduction sexuée présente l'avantage de permettre la production d'une forme de résistance au froid jusqu'à – 35° C (les œufs) ainsi qu'un brassage génétique garantissant à l'espèce une plus grande capacité d'adaptation au changement. Par contre, cette reproduction présente l'inconvénient d'être coûteuse en nombre d'individus (en plus des femelles, il faut également produire des mâles, et les œufs sont pondus en plus petit nombre que les larves clonales) et en temps de développement (aucune multiplication pendant la diapause hivernale). À l'inverse la reproduction purement asexuée présente l'avantage de garantir un plus grand nombre de descendants (la reproduction continue tout au long de l'année, sans arrêt durant l'hiver), mais présente le risque d'une mortalité totale si l'hiver est rude et d'une capacité réduite d'adaptation génétique au changement. Naturellement, les populations holocycliques sont plus fréquentes dans les régions à hiver régulièrement froid et les populations anholocycliques dans les régions à climat doux ou dans les milieux protégés comme les serres ou les tunnels.

Choix de la plante hôte

Les pucerons peuvent changer de type de plante hôte au cours des saisons. Certaines espèces de pucerons, dites monœciques*, accomplissent tout leur cycle de développement sur un seul type de plante. C'est le cas du puceron des épis des céréales, *Sitobion avenae*, qui reste toute l'année sur des graminées. D'autres espèces, dites diœciques* (environ 10 % du total), alternent entre deux types de plantes en général très différentes l'une de l'autre. Cette alternance est liée à la sexualité, car beaucoup d'espèces ne peuvent se reproduire sexuellement que sur une plante hôte particulière, en général pérenne (arbre ou arbuste), qualifiée

Plantes hôtes et cycles de développement.

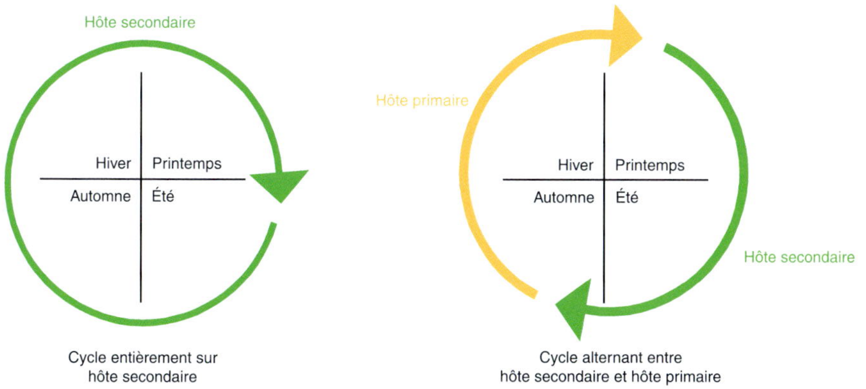

d'hôte primaire*. Les plantes herbacées sur lesquelles l'espèce migre ensuite au printemps et passe la belle saison sont alors qualifiées d'hôtes secondaires*. Ainsi les populations holocycliques du puceron noir de la fève (*Aphis fabae*) se reproduisent sexuellement sur fusain d'Europe, puis migrent au printemps sur de nombreuses plantes herbacées dont les fabacées et les chénopodiacées.

Les pucerons : d'excellents voiliers

Encore une caractéristique remarquable des pucerons : ils sont capables de produire à la fois des formes adultes ailées ou aptères (sans ailes). De façon générale, tant que la ressource est abondante, les pucerons tendent à produire des formes sans ailes, mieux adaptées à l'exploitation de la plante. Lorsque les pucerons commencent à épuiser localement les ressources alimentaires, les formes ailées sont produites en nombre de plus en plus grand, ce qui permet d'assurer la dissémination de l'espèce et de trouver de nouvelles ressources. À côté de ces ailés produits au cours de la saison sous l'effet de la densité des colonies et de l'état physiologique de la plante hôte, il existe des ailés produits au moment de la reproduction sexuée et de l'alternance de plantes hôtes. À l'automne, les sexués ou leurs précurseurs sont généralement ailés. En effectuant des vols migratoires ils assurent à l'espèce un meilleur brassage génétique en évitant les accouplements entre individus appartenant au même clone. Par ailleurs, lorsque la reproduction sexuée a lieu sur un arbre alors que les colonies passent le reste de l'année sur des plantes herbacées, la production d'ailés prend un caractère obligatoire, car eux seuls peuvent assurer ce transfert aussi bien à l'automne, pour rejoindre les hôtes primaires, qu'au printemps, pour gagner les hôtes secondaires.

Ainsi, dans le cas des espèces sexuées (holocycliques) et à alternance d'hôtes (diœciques), on distingue typiquement trois périodes de vol dans l'année. Une première période de vol a lieu au printemps et correspond au départ des hôtes primaires pour rejoindre les hôtes secondaires. C'est le vol d'émigration* qui intervient en général au bout de trois ou quatre générations sur hôtes primaires. Au cours de l'été, on observe ensuite une série de petits vols avec une intensification en début d'été, en juin et en juillet. Ce sont des vols de dissémination* de l'espèce à la recherche de nouvelles ressources alimentaires. Enfin, à l'automne, survient le vol de retour vers les hôtes primaires (ou vol de rémigration*), assuré par les sexupares et les mâles.

Le vol des pucerons est actif près du sol ou lors de faible vitesse de vent. Si le vent le permet, ils peuvent aussi se laisser entraîner de façon passive par les courants aériens et parcourir ainsi des distances plus longues de plusieurs dizaines de kilomètres. L'analyse de la structure génétique des populations atteste de l'importance de cette dispersion par les ailés. Ainsi, des pucerons résistants aux insecticides dans une région à forte pression de traitement pourront exporter leur caractère résistant au-delà de cette zone et contribuer à la dispersion de ce caractère.

Selon les espèces, leurs cycles biologiques, la situation géographique ou les conditions climatiques et environnementales, on peut observer une grande diversité d'activités de vol qui varieront par leur nombre (de une à trois périodes de vols dans l'année), leur intensité et leur précocité. Le suivi de ces activités de vol est très utile pour anticiper les risques encourus par les plantes cultivées. La troisième partie de cet ouvrage y est entièrement consacrée.

Les pucerons : au cœur d'un écosystème

Les pucerons sont communément attaqués par de nombreux ennemis naturels comme des prédateurs*, des insectes parasitoïdes* et des champignons pathogènes d'insectes.

Les prédateurs des pucerons tuent leurs proies pour s'en nourrir. Chacun d'entre eux a besoin de plusieurs proies pour effectuer son développement. On y compte quelques oiseaux, comme les mésanges, des araignées et surtout des insectes, notamment les coccinelles dont les larves et les adultes se nourrissent de pucerons, mais aussi les syrphes et les chrysopes, dont seules les larves sont prédatrices de pucerons. L'action de ces prédateurs est particulièrement efficace lorsque leur pic de population coïncide dans le temps avec celui des pucerons, sinon cette efficacité peut être considérablement réduite.

Les parasitoïdes de pucerons appartiennent à l'ordre des hyménoptères, tout comme les guêpes ou les fourmis. Contrairement aux prédateurs, le développement de chaque individu parasitoïde nécessite un seul hôte. Ces minuscules guêpes, principalement de la famille des *Braconidae* (sous-famille des *Aphidiinae*) mais aussi des *Aphelinidae*, pondent des œufs à l'intérieur des pucerons. La larve du parasitoïde éclot dans le puceron, puis s'y développe, entraînant la mort de celui-ci. Elle tisse alors un cocon dans le cadavre qui prend un aspect caractéristique de « momie ». L'adulte qui sortira de cette momie aura une vie libre. Chez les *Aphidiinae*, les adultes se nourrissent de miellat léché sur le support végétal et de nectar de plante, alors que chez les *Aphelinidae* les adultes ont une action prédatrice. Le pourcentage de pucerons parasités est variable et dépendant de la capacité du parasitoïde à trouver ses proies, mais aussi de son comportement d'exploitation des colonies de pucerons et des conditions environnementales. Le nombre de pucerons parasités est très variable selon les années.

Enfin, certaines espèces de champignons microscopiques, essentiellement des entomophthorales*, peuvent infecter les pucerons. Une fois les pucerons tués par ces champignons, leurs cadavres sporulent sous l'action combinée de l'humidité et de la température. Ils prennent alors un aspect pulvérulent et deviennent infectieux pour leurs propres congénères. Lors de séquences climatiques douces et humides, les épidémies à entomophthorales peuvent se propager très rapidement et offrir un moyen naturel de contrôle des populations particulièrement efficace.

Au cours de leur évolution, les pucerons ont également développé des interactions avec les fourmis. Ces relations ne sont pas univoques, comme dans le cas de la prédation ou du parasitisme, puisque chacun des deux partenaires y trouve un bénéfice. Les fourmis profitent d'une abondante source de nourriture et en particulier le miellat, qu'elles récoltent en sollicitant les pucerons. Ce faisant, elles attaquent toute autre espèce de prédateur ou de parasite qui viendrait dans la colonie de pucerons s'y présenter en compétiteur. Les pucerons se trouvent ainsi utilisés mais aussi protégés par les fourmis. Ces relations mutualistes concernent beaucoup d'espèces de pucerons.

Les pucerons, véritables espèces fourrage, constituent donc une source de nourriture abondante pour de nombreux ennemis naturels, dont toutes les actions combinées contribuent efficacement au contrôle de leurs populations.

Acyrthosiphon pisum (Harris)
Puceron du pois

Aptère : grand puceron (2,2 à 3 mm), vert ou rose selon les souches, yeux rouges, antennes aussi longues que le corps, cornicules longues et droites, queue longue et effilée.

Ailé :

Corps	élancé.
Antennes	longues (de la longueur du corps).
Abdomen	vert ou rose.
Cornicules	longues, claires et droites.
Cauda	longue, recourbée en forme de faucille, pointue.

Colonie et adulte aptère d'*Acyrthosiphon pisum* sur pois.

Acyrthosiphon pisum est **holocyclique monœcique**. L'espèce accomplit tout son cycle, y compris sa reproduction sexuée, sur diverses plantes appartenant à la famille des fabacées (ou légumineuses). Elle peut vraisemblablement hiverner aussi de façon **parthénogénétique** sur des légumineuses pérennes dans les régions favorables. L'espèce se subdivise en différentes populations spécialisées chacune sur certaines plantes hôtes. De récents travaux menés à l'UMR BiO3P de l'Inra de Rennes ont ainsi montré qu'il existait au moins 11 biotypes du puceron du pois adaptés chacun à une plante différente comme le lupin, le trèfle, la luzerne, etc.

Le puceron du pois apparaît tôt en saison. Les œufs pondus sur luzerne ou sur trèfle éclosent dès février. La première femelle issue de l'œuf d'hiver s'alimente sur les bourgeons situés au collet de la plante et donne naissance à des femelles parthénogénétiques. Les premiers ailés apparaissent en mai et juin et vont coloniser d'autres légumineuses. Les colonies s'installent de préférence à la base des fleurs, sur les organes les plus jeunes des plantes en pleine floraison ou à l'extrémité des tiges. Les individus peuvent alors rester peu visibles. Ils se laissent facilement tomber lorsqu'ils sont dérangés (phénomène de **thanatose***). Sur luzerne, on peut observer des densités de pucerons très élevées à partir de septembre ; elles précèdent l'apparition des sexués (mâles ailés ou aptères et femelles aptères), qui produiront les œufs d'hiver.

La précocité des infestations du puceron du pois explique en partie sa nuisibilité. Les hivers doux favorisent la précocité des attaques au printemps. Sur culture de pois, les dégâts directs dus aux prélèvements de sève par piqûre entraînent un avortement des fleurs, une diminution du poids de 1 000 grains et du nombre de gousses ; les pertes maximales enregistrées sont de 30 q/ha. Dans des luzernières destinées à la production de fourrage déshydraté, on a pu observer des pullulations qui ont réduit le rendement, la qualité et la pérennité des plantes. Dans de tels cas, la meilleure intervention est une coupe anticipée qui diminue considérablement les effectifs du ravageur.

Le puceron du pois est vecteur de la mosaïque-énation du pois (PEMV) ainsi que de plusieurs virus appartenant aux groupes des Potyvirus – virus de la mosaïque jaune du haricot (BYMV) ou de sa souche « pois », virus de la mosaïque du pois transmis par la semence (PSbMV) –, des Cucumovirus – virus de la mosaïque du concombre (CMV) – ou des Lutéovirus – divers enroulements du pois. Le virus de la mosaïque jaune du haricot (BYMV), qui est transmis selon le mode **non persistant**, est ainsi facilement transporté par les ailés des légumineuses pérennes vers les parcelles de pois.

Le seuil indicatif de traitement aphicide sur pois est de 30 pucerons par extrémité de tiges de 20 cm de long à la floraison. Pour établir ce seuil, on secoue 25 extrémités au-dessus d'un réceptacle et on établit une moyenne des effectifs par tige.

Plantes hôtes : fabacées sauvages (cytise, genêt, gesse...) et cultivées (sainfoin, luzerne, lotier, vesce, pois, haricot, trèfle...).

Anoecia spp.

Aptère :	1,5 à 2,5 mm, blanchâtre à jaunâtre, avec de petites taches sombres et de nombreuses soies.	
Ailé :	Corps	avec une grande plaque dorsale, tache noire sur l'aile.
	Antennes	articles antennaires courts.
	Abdomen	avec une plaque discale noire.
	Cornicules	courtes et coniques.
	Cauda	courte.

Aptère d'*Anoecia corni* sur racine de dactyle.

Ailés et colonie d'*Anoecia corni* sur cornouiller.

Le genre *Anoecia* comprend une vingtaine d'espèces qu'il est difficile de séparer. Certaines sont **holocycliques** et **diœciques**. Elles alternent entre les *Cornus* (dont *Cornus sanguinea,* le cornouiller), où a lieu la reproduction sexuée pendant l'automne, et les racines des poacées, où elles se multiplient au cours de la belle saison. C'est le cas des espèces les plus fréquentes dans nos contrées, comme *Anoecia corni* ou *Anoecia vagans*. D'autres peuvent être entièrement souterraines sur les racines des poacées ou des cyperacées. Dans les régions où les *Cornus* sont absents ou bien si le climat hivernal est suffisamment doux pour permettre la survie des adultes sous forme **parthénogénétique**, les espèces à alternance d'hôtes peuvent abandonner la reproduction sexuée et se maintenir toute l'année sur des poacées. Lorsque les populations sont **holocycliques**, les œufs d'hiver éclosent sur les cornouillers au printemps. Les **fondatrices** qui en sont issues et leurs descendants se tiennent sur les feuilles. Les ailés apparaissent en juin et en juillet. Ils rejoignent les racines de graminées (blé, orge… et surtout chiendent). La reproduction sexuée est initiée très tôt. Les **sexupares** ailés sont en effet produits dès juillet et retournent alors vers le cornouiller. Ces espèces sont visitées par les fourmis.

Afin de limiter les dégâts dus à ces pucerons, il est conseillé de ne pas cultiver céréale sur céréale et de détruire les chaumes, les graminées adventices et le chiendent par un passage superficiel après les moissons.

Hôtes primaires : cornouillers, dont *Cornus sanguinea*.

Hôtes secondaires : racines de poacées cultivées (blé, orge, dactyle) ou sauvages (chiendent).

Aphis craccivora Koch
Puceron noir de la luzerne

Aptère : 1,4 à 2,0 mm, grisâtre terne, avec une légère pruine cireuse.

Ailé :

Corps	1,4 à 1,9 mm, noir.
Antennes	de la longueur du corps.
Abdomen	foncé avec des stries noires pouvant se rejoindre.
Cornicules	courtes, épaisses et noires.
Cauda	noire.

Colonie et ailé d'*Aphis craccivora* sur féverole.

Aphis craccivora est **anholocyclique**. Les populations se multiplient donc toute l'année de façon **parthénogénétique**. Les ailés assurent la **dissémination** d'un champ à l'autre. Cette espèce est très polyphage. On la trouve ainsi sur un grand nombre de plantes appartenant à différentes familles botaniques : astéracées, cucurbitacées, fabacées, solanacées... Les individus se nourrissent de préférence sur les pousses en croissance, les feuilles, les inflorescences, les fruits ; on les trouve aussi sur les tiges des plantes herbacées. Les fourmis intéressées par le **miellat** visitent volontiers les colonies.

Sur les plantes herbacées comme la luzerne, les individus hivernent au collet. Pendant la belle saison, des colonies peuvent pulluler à l'extrémité des pousses et sur les pétioles des plantes. En cas de pullulations sur les tissus jeunes de la plante, la croissance et la floraison de celle-ci peuvent s'en trouver perturbées. Les dégâts du puceron noir de la luzerne sont aussi dus aux nombreux virus qu'il peut propager, en particulier selon le **mode non persistant**, comme le virus de la mosaïque de la luzerne (AMV) ou celui de la mosaïque du concombre (CMV) transmis aux fabacées, aux cucurbitacées et aux solanacées.

Plantes hôtes : très polyphage, avec une préférence pour les fabacées (luzerne, fève, féverole, trèfle, mélilot, sainfoin...), mais aussi sur astéracées, cucurbitacées, solanacées...

Aphis fabae Scopoli
Puceron noir de la fève

Aptère : environ 2 mm, trapu, noir mat à verdâtre, avec trois paires de taches blanches cireuses sur l'abdomen.

Ailé :

Corps	plus allongé que celui des aptères, de couleur sombre.
Antennes	courtes, longueur d'environ les deux tiers du corps.
Abdomen	foncé avec des taches blanches et des sclérites marginaux noirs.
Cornicules	courtes et noires.
Cauda	courte, trapue et noire.

Colonie et ailé d'*Aphis fabae* sur coquelicot.

Aphis fabae est **holocyclique diœcique**. Cette espèce alterne donc entre son **hôte primaire**, en général le fusain d'Europe (*Evonymus europeus*), et ses **hôtes secondaires**, des plantes herbacées appartenant à de très nombreuses familles botaniques. Dès mars, les œufs d'hiver éclosent sur le fusain. Plusieurs générations **parthénogénétiques** se développent alors sur l'arbre. Les premiers ailés sont observés en avril. Leur proportion augmente ensuite rapidement au sein des populations. Ces ailés vont quitter les fusains. Ils seront à l'origine de nouvelles colonies en manchon dense, que l'on pourra observer au cours de la belle saison sur les plantes herbacées sauvages et cultivées. Les ailés impliqués dans la reproduction sexuée apparaissent à l'automne. Ils assurent le retour vers les **hôtes primaires**, les fusains. La fécondation et la ponte ont lieu dans le courant d'octobre. La reproduction sexuée n'est pas toujours obligatoire chez le puceron noir de la fève. Dans les régions à climat doux, des populations peuvent en effet se maintenir tout l'hiver sur des **hôtes secondaires** herbacés en continuant à se multiplier par **parthénogenèse**. Les pullulations du puceron noir de la fève sont spectaculaires, en particulier sur féverole et betterave. Elles dépendent des conditions climatiques et peuvent être régulées par la présence d'ennemis naturels (insectes et champignons entomopathogènes).

Aphis fabae appartient en fait à un complexe d'espèces qu'il est extrêmement difficile, voire impossible de distinguer. On parle parfois *d'Aphis* groupe *fabae*.

Ce groupe d'espèce est polyphage. On lui connaît plus de 200 plantes hôtes. Il est également très commun dans le monde et colonise de nombreuses plantes cultivées. En France, c'est la seconde espèce après *Myzus persicae* qui entraîne des dégâts importants. *Aphis fabae* se développe sur des cultures aussi différentes que betterave, pomme de terre, tabac, tournesol, colza, avec cependant une préférence pour les fabacées. De plus *Aphis fabae* véhicule un grand nombre de virus dans les différentes familles végétales rencontrées. Sur betterave en particulier, la jaunisse grave (BYV), transmise selon le **mode semi-persistant**, et la jaunisse modérée (BMYV), transmise selon le **mode persistant**, entraînent des pertes de rendement en sucre dues à la diminution du tonnage de betterave récoltée.

Hôtes primaires : fusain, viorne, seringat.

Hôtes secondaires : fabacées, chénopodiacées, astéracées, brassicacées, solanacées, diverses cultures florales et ornementales...

Aphis frangulae Kaltenbach
Puceron de la bourdaine
Aphis gossypii Glover
Puceron du melon et du cotonnier

Aptère : 1,2 à 2,2 mm, jaunâtre à vert sombre, antennes jaune pâle, prothorax avec des tubercules latéraux très développés, cornicules très foncées, cauda plus pâle.

Ailé :

Corps	généralement vert à vert foncé.
Antennes	courtes (de la dimension du corps).
Abdomen	avec des sclérites marginaux.
Cornicules	noires, plus courtes que chez les aptères.
Cauda	pigmentée, plus claire que les cornicules.

Aphis gossypii sur courgette.

Le nom *Aphis frangulae* est appliqué à un complexe d'espèces quasiment indiscernables et ayant la bourdaine (*Rhamnus frangula*) comme **hôte primaire**. À la belle saison, *Aphis frangulae* peut coloniser divers types de plantes **hôtes secondaires**, dont les pommes de terre, les capselles… mais pas les cucurbitacées. Cette espèce se trouve préférentiellement à l'étage inférieur des plantes, où elle peut pulluler. Elle est fréquente et abondante, surtout dans l'est de l'Europe.

Le complexe d'espèces *A. frangulae* inclut une autre espèce de puceron très fréquente sur les plantes cultivées. Il s'agit du puceron du melon et du cotonnier, *Aphis gossypii*, qui, en Europe, est presque toujours **anholocyclique** et se maintient toute l'année sous la forme d'individus **parthénogénétiques** sur des **hôtes secondaires**. Ses colonies se développent généralement à la face inférieure des feuilles. On peut trouver des individus pâles et sombres au sein de la même colonie. *Aphis gossypii* vit en association avec des fourmis qui exploitent le miellat tout en le protégeant de ses ennemis naturels. C'est une espèce cosmopolite et très polyphage. Elle s'attaque à un grand nombre de cultures, pomme de terre, tabac, légumineuses, mais possède une préférence pour les cucurbitacées (melon, concombre, courgette...), les malvacées (cotonnier) et les rutacées (*Citrus*). Des populations **holocycliques** avec l'*Hibiscus* comme **hôte primaire** sont signalées en Amérique du Nord.

De plus, *Aphis gossypii* transmet plusieurs virus pathogènes à un grand nombre de plantes, que ce soit selon le **mode non persistant**, comme les virus des différentes mosaïques des cucurbitacées et particulièrement celui de la mosaïque du concombre (CMV), ou selon le **mode persistant** comme ceux des jaunisses du pois (PeLRV...).

Suite à l'utilisation excessive d'insecticides organophosphorés (diméthoate) ou carbamates (méthomyl[1], pyrimicarbe), plusieurs cas de résistance ont été observés chez *Aphis gossypii*.

Hôtes primaires : bourdaine (pour *Aphis frangulae*), *Hibiscus* (pour *Aphis gossypii* en Amérique).

Hôtes secondaires : solanacées, fabacées, labiaciées pour *Aphis frangulae* et *Aphis gossypii*, cucurbitacées (melon, concombre), malvacées, rutacées (*Citrus*) pour *Aphis gossypii*.

1. Matière active maintenant interdite en Europe.

Aphis nasturtii Kaltenbach
Puceron du nerprun

Aptère :	petit, 1,2 mm de long, jaunâtre à verdâtre, cornicules courtes et légèrement pigmentées à l'extrémité, cauda pâle.	
Ailé :	Corps	1,2 mm à 2,0 mm, jaune à vert pâle.
	Antennes	courtes.
	Abdomen	sans pigmentation, avec des sclérites marginaux clairs.
	Cornicules	courtes et droites, légèrement pigmentées.
	Cauda	digitée, pigmentée comme les cornicules.

▲ **Attention :** la détermination de cette espèce est difficile.

Aphis nasturtii sur pomme de terre.

Aphis nasturtii est **holocyclique diœcique** dans les régions froides et probablement **anholocyclique** dans les régions plus tempérées.

Dans le premier cas, les œufs d'hiver sont pondus sur les **hôtes primaires**, différents nerpruns comme le nerprun purgatif *(Rhamnus cathartica)* ou la bourdaine *(Rhamnus frangula)*. L'éclosion a lieu début avril. Les **fondatrices** issues des œufs d'hiver donnent naissance, environ trois semaines après, aux premières générations **parthénogénétiques**. Les individus ailés quittent les nerpruns et fondent de nouvelles colonies sur divers **hôtes secondaires**, plantes adventices ou cultivées, dont la pomme de terre. Sur cette dernière, les colonies s'établissent préférentiellement sur les feuilles inférieures. Pendant l'été se succèdent plusieurs générations d'individus ailés ou **aptères**. Les ailés peuvent se disséminer sur de grandes distances et coloniser de nouvelles plantes **hôtes secondaires**.

À la fin de l'été, les pucerons, sous forme de **gynopares*** et de mâles, retournent sur les **hôtes primaires**, les nerpruns. Les femelles pondent leurs œufs fécondés à la base des bourgeons et dans les fentes de l'écorce de l'arbuste.

Cette espèce entraîne de sérieux **dégâts directs** par prélèvement de sève, et indirects par transmission de nombreux virus pathogènes. Effectivement elle transmet le virus Y (PVY), le virus A (PVA) de la pomme de terre et le virus de la mosaïque aucuba de la pomme de terre (PAMV) selon le **mode non persistant**. Elle transmet aussi, mais dans une moindre mesure, le virus de l'enroulement de la pomme de terre (PLRV) selon le **mode persistant**.

Depuis 1996, cette espèce est présente dans les cultures de pomme de terre du nord de la France. Les premiers individus sont signalés en juin, mais les colonies se développent de façon significative en juillet.

Hôtes primaires : nerpruns et bourdaines.

Hôtes secondaires : solanacées (pomme de terre), brassicacées (cresson, capselle) et polygonacées (*Polygonum*).

Aulacorthum (Neomyzus) circumflexum (Buckton) Puceron tacheté de l'arum

Aptère : 1,2 à 2,6 mm, jaune pâle à vert brillant, avec une tache dorsale en forme de fer à cheval.

Ailé :

Corps	1,6 à 2,4 mm, vert.
Antennes	sombres, plus grandes que le corps.
Abdomen	avec une plaque sombre échancrée.
Cornicules	droites, foncées, avec une collerette à l'extrémité.
Cauda	sombre, digitée.

Aulacorthum circumflexum sur pomme de terre.

Aulacorthum (Neomyzus) circumflexum est apparemment uniquement **anholocyclique**. Les populations de cette espèce se maintiennent donc toute l'année sous forme **parthénogénétique** et continuent même à se multiplier pendant l'hiver si les conditions sont favorables. Les effectifs les plus importants sont observés au printemps. Les formes ailées sont rares. Elles apparaissent occasionnellement et favorisent la dissémination des individus.

Cette espèce, très polyphage, se rencontre sur pomme de terre et tabac et également sur les plantes ornementales en serre. Sa préférence pour les températures élevées limite son rôle en tant que ravageur dans les régions plus froides.

Le puceron tacheté de l'arum se développe à la fois sur le feuillage et sur les fleurs. Il produit du **miellat** en très grande quantité, ce qui souille les plantes. Il peut également transmettre une trentaine de virus aussi bien selon le **mode persistant**, comme le virus de l'enroulement de la pomme de terre (PLRV), que **non persistant** aux cultures de betterave, comme le virus de la mosaïque de la betterave (BMV).

Plantes hôtes : solanacées (pomme de terre, tabac), fabacées (haricot), liliacées (oignon), brassicacées (radis), apiacées (céleri), plantes ornementales (aracées)…

Aulacorthum solani (Kaltenbach) Puceron strié de la digitale et de la pomme de terre

Aptère :	1,8 à 3 mm, vert à jaune, avec une tache plus foncée à la base des cornicules.	
Ailé :	Corps	vert, avec des stries transversales plus foncées.
	Antennes	longues, foncées.
	Abdomen	vert, avec des stries foncées plus ou moins marquées et une tache à la base des cornicules.
	Cornicules	droites, longues, avec une collerette à l'extrémité.
	Cauda	courte, légèrement pigmentée.
	Ailes	nervures alaires enfumées.

Aulacorthum solani sur pomme de terre.

Aulacorthum solani est une espèce **holocyclique diœcique**. Les œufs d'hiver sont pondus sur des digitales (*Digitalis purpurea),* des épervières (*Hieracium* sp.), ainsi que sur de très nombreuses autres plantes. Cette capacité à se reproduire sexuellement sur des hôtes très diversifiés est assez rare dans le monde des pucerons, où la reproduction sexuée est le plus souvent réalisée sur un nombre restreint de plantes appartenant à la même famille botanique. Lorsque les conditions climatiques le permettent, *Aulacorthum solani* peut également pratiquer l'**anholocyclie** et passer l'hiver sur digitale sous forme d'individus **parthénogénétiques**. Au printemps, les ailés issus des plantes hôtes d'hiver colonisent une variété de plantes sauvages ou cultivées comme les salades, les pommes de terre ou les plantes à bulbe. Sur pomme de terre, il colonise les étages inférieur et moyen des feuilles. Le puceron strié est également un ravageur fréquent des cultures sous serre.

Cette espèce très polyphage est répandue dans les régions à climat tempéré, mais on la trouve également dans les régions subtropicales. Les colonies déforment les jeunes pousses et provoquent un affaiblissement des plantes. Ce puceron transmet de nombreux virus selon le **mode persistant**, comme le virus de l'enroulement de la pomme de terre (PLRV), et le mode **non persistant**, comme ceux de la mosaïque du concombre (CMV), de la jaunisse de la betterave (BYV) et de la jaunisse occidentale de la betterave (BWYV).

Hôtes primaires : digitale, épervière...

Hôtes secondaires : apiacées, astéracées (salade), brassicacées (chou, navet), solanacées (pomme de terre, tomate) et de nombreuses autres plantes (tulipes...).

Brachycaudus helichrysi (Kaltenbach)
Puceron vert du prunier

Aptère :	1,4 à 2 mm, vert pâle avec parfois une tache noire à l'extrémité du tibia, tarses noirs, cornicules courtes et coniques.	
Ailé :	Corps	1,1 à 2,2 mm, vert jaunâtre.
	Antennes	courtes, sombres avec de nombreuses rhinaries sur les articles III et IV.
	Abdomen	large tache dorsale brune à bords irréguliers rejoignant presque les sclérites marginaux.
	Cornicules	courtes, coniques et pigmentées.
	Cauda	courte, extrémité arrondie.

Brachycaudus helichrysi sur tournesol.

Brachycaudus helichrysi est **holocyclique diœcique**. Ses œufs sont pondus à l'automne sur divers arbres fruitiers appartenant au genre *Prunus* (prunier, pêcher, abricotier). Ils éclosent au printemps, au départ de la végétation. Les larves s'alimentent d'abord à la base des bourgeons, puis, au fur et à mesure de leur ouverture, se déplacent vers les fleurs et les nouvelles feuilles. Les formes ailées apparaissent en mai et émigrent sur les astéracées sauvages ou cultivées, comme le tournesol, mais aussi sur d'autres plantes à fleur.

À l'automne, des femelles ailées apparaissent sur les **hôtes secondaires**. Elles retournent sur les *Prunus* où elles donnent naissance aux femelles **ovipares** aptères. Les mâles ailés, qui naissent aussi sur les hôtes secondaires, vont rejoindre les femelles ovipares aptères sur les *Prunus*, où l'accouplement aura lieu. Les œufs sont déposés sur les rameaux.

Le puceron vert du prunier peut aussi se maintenir toute l'année sous forme **parthénogénétique** (**anholocyclie**) dans les régions à hiver doux, comme l'ouest de la France, ou en cultures protégées dans les régions tempérées, comme sur les chrysanthèmes en serre.

Les tournesols sont colonisés dès la levée, au stade 2 à 4 feuilles. Si les colonies continuent de se multiplier et atteignent une centaine de pucerons au stade bourgeonnement, les pertes de rendement seront effectives. Si les pullulations démarrent après le bourgeonnement et durent jusqu'à la maturation des capitules, il n'y a pas de perte de rendement, même si les effectifs atteignent plusieurs centaines d'individus.

Brachycaudus helichrysi provoque des crispations du feuillage dues à l'effet toxique de sa salive.

Hôtes primaires : divers *Prunus* dont le prunier, le pêcher, l'abricotier.

Hôtes secondaires : nombreuses astéracées (tournesol, artichaut, salsifis, chicorées...) et borraginées (myosotis...).

Brevicoryne brassicae (Linnaeus) Puceron cendré du chou

Aptère :	2,1 à 2,6 mm, globuleux, vert, entièrement recouvert d'une pruinosité cendrée caractéristique.	
Ailé :	Corps	1,6 à 2,8 mm, tête et thorax vert sombre, abdomen jaune verdâtre, recouvert de pruinosité grisâtre.
	Antennes	de la longueur du corps.
	Abdomen	avec des stries et des sclérites marginaux.
	Cornicules	courtes, renflées en forme de tonneau et pigmentées.
	Cauda	courte et pigmentée.
	Ailes	nervures alaires très sombres.

Brevicoryne brassicae sur fleur et feuille de colza.

Brevicoryne brassicae est **monœcique**. L'espèce accomplit tout son cycle sur des brassicacées cultivées (chou, colza...) ou sauvages. Elle peut soit se reproduire de manière sexuée (**holocyclie**) dans les régions froides, soit se maintenir toute l'année sous forme **parthénogénétique** dans les régions à hiver doux (**anholocyclie**).

Dès février, les œufs éclosent, et les premières colonies se localisent à la face inférieure des feuilles. Elles gagnent ensuite les feuilles du cœur pour former des gaines compactes autour des hampes florales. Ces colonies vont produire un grand nombre d'individus. Les ailés, produits sous l'effet des fortes densités, vont coloniser de nouvelles plantes. La reproduction sexuée a lieu à l'automne, les **femelles ovipares** étant aptères et les mâles ailés. Les œufs pondus par les femelles fécondées sont déposés à la face inférieure des feuilles ou sur les tiges.

Le comportement agrégatif de cette espèce et sa grande spécialisation alimentaire sont particulièrement désastreux pour les plantes. Le puceron cendré du chou attaque principalement les feuilles des choux, mais aussi les hampes florales d'autres brassicacées comme le colza. En cas de pullulation, la plante peut être entièrement recouverte par les pucerons, leur **miellat** et les restes des mues, les **exuvies***. Les choux et les colzas ainsi attaqués se développent mal et dépérissent. Les feuilles centrales se recroquevillent et se décolorent. Sous l'action des piqûres, les hampes florales se déforment et les fleurs avortent. Le puceron cendré du chou est également vecteur d'une vingtaine de virus, en particulier celui de la mosaïque du navet (TuMV), transmis selon le **mode non persistant** et celui de la mosaïque du chou (CaMV), transmis selon le **mode semi-persistant**.

Si, à l'automne, on constate la présence des pucerons dans les cultures de colza d'hiver, une surveillance s'impose dès la montaison. Les attaques précoces sont les plus dommageables. Les pucerons groupés en colonies peuvent provoquer des avortements et de l'échaudage au printemps. Les risques sont particulièrement élevés lorsque le printemps est précoce et peu pluvieux.

Sur colza, les attaques précoces nécessitent une intervention rapide (traiter à partir de deux colonies visibles par mètre carré), le traitement devant être limité si possible à la zone touchée.

Plantes hôtes : brassicacées (chou, colza, navet, radis…).

Diuraphis noxia (Mordvilko) Puceron russe du blé

Aptère : 1,4 à 2,3 mm, allongé, vert et pruineux, avec des cornicules à peine visibles, des antennes courtes et une caudicule très marquée au dessus de la cauda.

Ailé :

Corps	1,5 à 2,0 mm, allongé.
Antennes	courtes.
Abdomen	clair, avec de petits sclérites marginaux légèrement colorés, et présence d'une caudicule au-dessus de la cauda.
Cornicules	minuscules.
Cauda	allongée et pointue.

Diuraphis noxia sur blé.

Diuraphis noxia est **holocyclique monœcique** sur orge et sur blé dans les régions à climat continental et probablement **anholocyclique** dans les régions tempérées. Cette espèce est originaire d'Asie centrale et a colonisé l'Afrique du Sud, le Mexique, puis les États-Unis, où elle a provoqué des dégâts très importants au cours des années 1990 dans les zones céréalières. Le puceron russe du blé est présent dans le sud de la France, mais il n'y fait pas de dégâts, tout comme dans les autres pays du pourtour méditerranéen. Cependant il faut rester vigilant et surveiller les cultures.

À partir de ses hôtes relais (diverses graminées), l'espèce colonise très tôt en saison les jeunes céréales, blé et orge en particulier, qui sont au stade tallage ou début montaison. Les individus se localisent à la base des feuilles en croissance, dont le limbe s'enroule, protégeant les colonies. Ces déformations foliaires sont accompagnées de décolorations longitudinales des feuilles qui prennent un aspect rayé de blanc, de jaune, voire de rouge. Ces dégâts entraînent un arrêt ou un ralentissement de croissance de la plante et il est fréquent que l'épi se dégage mal de la gaine, en particulier chez l'orge, induisant de fortes baisses de rendement. La présence de *Diuraphis noxia* entraîne également une réduction de la surface foliaire, du nombre de feuilles et du nombre de talles.

Ce sont les symptômes qui servent de critères d'intervention. Du fait de la localisation des pucerons à l'abri dans les limbes, les traitements aphicides ne sont que modérément efficaces et souvent effectués trop tard, car les pucerons sont difficiles à repérer avant les premiers dégâts visibles. Cette espèce a fait l'objet d'une recherche intense aux États-Unis, en particulier dans le but de mettre au point des variétés résistantes.

Plantes hôtes : blé et orge surtout, mais également de nombreuses autres poacées.

Lipaphis erysimi (Kaltenbach) Puceron du navet

Aptère :	petit à moyen, 1,4 à 2,4 mm, de vert-jaune à vert-gris, avec de la cire blanche.	
Ailé :	Corps	1,4 à 2,2 mm, gris-vert avec des sclérites marginaux noirs.
	Antennes	courtes, fouet égal à deux fois la base du VI.
	Abdomen	avec des tirets interrompus.
	Cornicules	courtes, légèrement renflées.
	Cauda	courte et pigmentée.

Lipaphis erysimi sur colza.

Lipaphis erysimi est principalement **anholocyclique** en Europe. Ce puceron colonise toute l'année de nombreuses espèces de brassicacées cultivées ou sauvages. Il est très prolifique. La production d'ailés au printemps et en été permet la dissémination de l'espèce. On le rencontre à l'automne sur les jeunes colzas. Il peut être nuisible en cas de pullulation importante, freinant la croissance automnale des plantes. Le puceron du navet peut aussi transmettre des virus pathogènes selon le **mode non persistant**, comme le virus de la mosaïque du navet (TuMV), ou le **mode semi-persistant**, comme le virus de la mosaïque du chou fleur (CaMV).

Il est conseillé de surveiller l'évolution de l'infestation des cultures et de contrôler les multiplications de pucerons en se basant sur un seuil d'intervention relativement bas. Par exemple, sur colza d'hiver, une intervention insecticide est nécessaire si la proportion de plantes colonisées par les pucerons atteint ou dépasse 20 % dans les six premières semaines de végétation.

Plantes hôtes : brassicacées sauvages et cultivées (colza, chou, navet, radis, cresson...).

Macrosiphum albifrons Essig
Puceron du lupin

Aptère :	grand, 3,2 à 4,5 mm, bleu-vert-gris, recouvert de cire blanchâtre.	
Ailé :	Corps	3,2 à 4,5 mm de la même couleur que l'aptère.
	Antennes	longues.
	Abdomen	clair.
	Cornicules	longues, fines, claires à la partie basale et une réticulation à l'extrémité.
	Cauda	longue et légèrement pigmentée.

Macrosiphum albifrons sur lupin.

Macrosiphum albifrons est **holocyclique monœcique**. Il accomplit tout son cycle sur des plantes appartenant au genre *Lupinus*. Originaire d'Amérique du Nord, le puceron du lupin a été introduit en Europe. Il a été signalé pour la première fois en Angleterre en 1981, puis en France en 1988. En France, les formes sexuées, femelles ovipares et mâles, ainsi que des œufs d'hiver ont été retrouvés sur lupin, ce qui atteste que l'espèce est bien **holocyclique**. Cependant la présence de femelles **parthénogénétiques** au cours de l'hiver semble indiquer que l'**anholocyclie** est aussi possible dans nos contrées, au moins à l'occasion d'hivers doux.

Les colonies se développent rapidement sur tous les organes de la plante : inflorescences, gousses, parfois même les racines. Le taux de multiplication du puceron du lupin est élevé, et les populations croissent rapidement, formant de spectaculaires manchons sur les hampes florales. En été, après la production des formes ailées, les infestations se propagent rapidement. Les individus **parthénogénétiques** hivernent au collet des plantes.

Ce sont les jeunes fleurs qui subissent les dégâts les plus graves ; des inflorescences entières avortent. En cas de fortes attaques, les plantes peuvent mourir. La colonisation des cultures se fait par foyer, ce qui favorise les interventions insecticides localisées. Cependant les observations prouvent que les mycoses à **entomophthorales** constituent un facteur de régulation important des populations de cette espèce.

Le puceron du lupin peut transmettre le virus de la mosaïque jaune du haricot (BYMV).

Plantes hôtes : lupin.

Macrosiphum euphorbiae (Thomas) Puceron vert et rose de la pomme de terre

Aptère :	de grande taille, 1,7 à 3,6 mm, vert ou rose selon les souches, fusiforme avec des antennes plus longues que le corps.	
Ailé :	Corps	1,7 à 3,4 mm, de la même couleur que l'aptère.
	Antennes	longues et pigmentées.
	Abdomen	clair.
	Cornicules	longues, fines, avec une réticulation à l'extrémité, et légèrement pigmentées.
	Cauda	pointue, longue et pâle.
	Pattes	avec des articulations sombres.

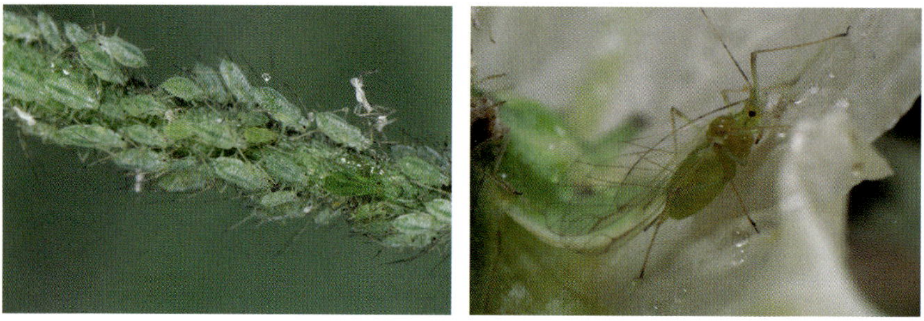

Macrosiphum euphorbiae sur hampe florale et sur fleur de pomme de terre.

Macrosiphum euphorbiae est principalement **anholocyclique**. C'est une espèce très polyphage qui colonise un grand nombre de plantes herbacées ou arbustives appartenant à plus de vingt familles botaniques différentes. Le puceron vert et rose de la pomme de terre colonise communément les solanacées comme la pomme de terre, qui constitue son hôte préférentiel, et le tabac. On le trouve également sur la betterave, le tournesol, les brassicacées et diverses plantes cultivées sous abri. Les individus peuvent survivre tout l'hiver sous forme **parthénogénétique** aussi bien au dehors que dans des milieux abrités comme les serres froides ou chauffées. Certaines populations du puceron vert et rose de la pomme de terre peuvent cependant pratiquer la reproduction sexuée (**holocyclie**) qui a lieu, le cas échéant, sur diverses espèces de rosiers.

Les colonies se développent rapidement à partir du début du printemps, et les infestations se propagent à d'autres plantes en mai et en juin à mesure de la dispersion des ailés. Les individus s'installent de préférence sur les feuilles et les pédoncules floraux. Les plantes infestées sont déformées et prennent un aspect rabougri. Concernant la pomme de terre les colonies forment des manchons sur les hampes florales. Toutefois, ce puceron est essentiellement nuisible en transmettant de nombreux virus selon le **mode persistant** : virus de l'enroulement de la pomme de terre (PLRV), de la jaunisse énation du pois (PEMV), ou selon le **mode non persistant** : virus Y (PVY) sur pomme de terre et nombreuses solanacées, virus de la mosaïque jaune du haricot (BYMV) et de la mosaïque du pois transmise par la semence (PSbMV).

Hôtes primaires : rosiers (*Rosa* sp.).

Hôtes secondaires : 200 plantes appartenant à 20 familles différentes comme des solanacées (pomme de terre, tabac, poivron, aubergine), brassicacées (colza, chou), astéracées (laitue, chicorée), apiacées, cucurbitacées (concombre), liliacées, fabacées (pois), ainsi que des plantes à fleurs appartenant à diverses familles (chrysanthème, dahlia, œillet…).

Megoura viciae Buckton
Puceron de la vesce

Aptère :	3,0 à 4,3 mm, grand puceron vert, avec la tête, le prothorax, les antennes, les cornicules, la cauda et les pattes noirs.	
Ailé :	Corps	3,0 à 4,3 mm, grand puceron vert, avec la tête et le thorax noirs.
	Antennes	longues et noires.
	Abdomen	avec des sclérites marginaux noirs.
	Cornicules	noires et renflées.
	Cauda	noire et longue.

Colonies et ailé de *Megoura viciae* sur fève.

Megoura viciae colonise les fabacées et plus particulièrement la fève, la féverole et la vesce cultivée. Il est décrit comme **holocyclique monœcique**. Cependant, dans les régions à hiver doux, il est **anholocyclique**, les formes **parthénogénétiques** survivant dans les endroits abrités ou dans les serres. Les ailés produits au printemps permettent à l'espèce de se disséminer. À l'automne, parmi les formes sexuées, seuls les mâles sont ailés. Tout comme *Acyrthosiphon pisum,* le puceron vert et rose du pois, qui vit également sur les fabacées, *Megoura viciae* se laisse facilement tomber de la plante à la moindre perturbation (**thanatose**).

On trouve les individus plutôt sur les parties jeunes et apicales des plantes, ainsi que sur les gousses. Cette espèce n'est pas considérée comme un ravageur important. Cependant, elle a causé des dégâts en Belgique sur des cultures de vesce. De plus, elle peut transmettre le virus de la mosaïque-énation du pois (PEMV).

Plantes hôtes : fabacées (fève, féverole, vesce...).

Metopolophium dirhodum (Walker)
Puceron des céréales et du rosier

Aptère :	1,6 à 2,9 mm, puceron allongé, vert ou jaune, avec une bande longitudinale plus foncée sur le dos, cornicules longues, droites et claires.	
Ailé :	Corps	1,6 à 3,3 mm, puceron vert.
	Antennes	longues et claires.
	Abdomen	avec une strie longitudinale plus foncée.
	Cornicules	longues, droites et claires, avec l'apex légèrement pigmenté.
	Cauda	longue et claire.

Colonie et ailé de *Metopolophium dirhodum* sur blé.

Metopolophium dirhodum est une espèce **holocyclique diœcique** qui alterne entre les *Rosa* sp. et de nombreuses poacées, annuelles ou pérennes, cultivées ou sauvages. Cependant, dans les zones tempérées, des populations de ce puceron sont principalement **anholocycliques** en se maintenant l'hiver sur des graminées pérennes.

Lorsqu'elle est sexuée, l'espèce est répandue sur églantiers et quelquefois rosiers, de l'automne au printemps, où elle hiverne à l'état d'œuf. Ensuite, après l'éclosion des œufs, les premières colonies apparaissent. Des individus ailés assurent la migration vers les poacées en mai et juin. Il s'agit de céréales comme le blé, l'orge, le maïs, et de graminées prairiales. Sur les poacées, le puceron des céréales et du rosier se multiplie sur le feuillage et ne monte pas sur les épis. Il se trouve sur la face inférieure des feuilles.

En général, les infestations sont faibles car *Metopolophium dirhodum* est bien régulé par ses ennemis naturels, mais certaines années, on observe des populations très abondantes, en particulier sur maïs où elles sont responsables de **dégâts directs**. Sur cette culture, des effectifs de l'ordre de 200 pucerons par plante au stade 6-8 feuilles sont considérés comme un seuil d'alerte. Ce puceron est également vecteur des virus de la jaunisse nanisante de l'orge (BYDV), transmis selon le **mode persistant**.

Hôtes primaires : *Rosa* sp. (églantiers, rosiers cultivés).

Hôtes secondaires : céréales (blé, maïs, avoine, orge) et poacées prairiales et sauvages (brome, dactyle, fétuque, canche, agrostide, glycérie, ivraie, pâturin).

Metopolophium festucae (Theobald) Puceron de la fétuque

Aptère :	1,4 à 2,2 mm, vert jaunâtre ou rose, avec des cornicules longues, cylindriques et claires.	
Ailé :	Corps	1,8 à 2,2 mm, avec des bandes transversales foncées.
	Antennes	longues et pigmentées.
	Abdomen	avec des stries pouvant se rejoindre en plaque.
	Cornicules	longues, claires ou légèrement pigmentées.
	Cauda	longue, légèrement pigmentée.

Metopolophium festucae sur blé.

Metopolophium festucae est très majoritairement **anholocyclique** sur poacées. Les formes sexuées, mâles ailés et ovipares, ont cependant été décrites mais rarement observées. Dans ce cas, les œufs sont également pondus sur poacées. L'espèce est donc **monœcique**.

Les colonies se développent surtout sur les graminées fourragères, mais certaines populations se développent sur blé. Les ailés favorisent la dispersion de l'espèce. Le puceron de la fétuque est vecteur des virus de la jaunisse nanisante de l'orge (BYDV).

Plantes hôtes : poacées (brome, fétuque, agrostide, ivraie, pâturin).

Myzus (Nectarosiphon) ascalonicus Doncaster
Puceron de l'échalote

Aptère :	1,1 à 2,2 mm, brun clair ou brun jaunâtre, brillant, avec des cornicules renflées.	
Ailé :	Corps	1,3 à 2,4 mm, avec une plaque dorsale noire et des sclérites marginaux.
	Antennes	longues fines et noires.
	Tête	tubercules frontaux développés et droits.
	Abdomen	foncé, avec une grande plaque dorsale noire, des sclérites marginaux, présence de plaques ventrales disposées par paires.
	Cornicules	renflées et noires.
	Cauda	triangulaire et noire.

Myzus (Nectarosiphon) ascalonicus sur oignon.

Myzus ascalonicus est **anholocyclique**. Le puceron de l'échalote est une espèce polyphage qui a cependant une préférence pour les liliacées (ail, échalote, oignon) et les solanacées. Les individus peuvent facilement hiverner sur des plantes stockées comme les bulbes d'alliacées et les tubercules de pomme de terre, mais aussi sur diverses plantes de serre. Dans les régions à climat doux, les colonies peuvent survivre à l'extérieur sur beaucoup d'espèces sauvages. Les ailés qui apparaissent tôt au printemps assurent la dissémination des colonies.

Inconnue en 1940, cette espèce est maintenant fréquente. Elle est surtout considérée comme un ravageur des liliacées. En grande culture, on la trouve sur betterave, pomme de terre, tabac et crucifères. Ses colonies provoquent des déformations du feuillage et des inflorescences. L'espèce transmet aussi de très nombreux virus : ceux de la jaunisse grave et de la jaunisse modérée de la betterave (BYV, BMYV), le virus de l'enroulement de la pomme de terre (PLRV), le virus de la mosaïque du concombre (CMV)... Le puceron de l'échalote transmet d'autant mieux les virus qu'il hiverne sur des plantes sauvages pouvant servir de réservoir.

Plantes hôtes : nombreuses familles botaniques dont les liliacées (échalote et oignon), les solanacées (pomme de terre, tabac), les brassicacées (chou), les astéracées (laitue), les apiacées...

Myzus ornatus Laing
Puceron orné

Aptère : 1,0 à 1,7 mm, jaune brunâtre clair ou vert mat, avec des taches transversales foncées et dispersées par paires sur le thorax et l'abdomen.

Ailé :

Corps	1,2 à 2,1 mm, vert, avec une plaque dorsale noire.
Antennes	sombres, de la longueur du corps.
Abdomen	clair avec une plaque noire grossièrement carrée et des sclérites marginaux.
Cornicules	droites, moyennement pigmentées.
Cauda	moyenne, triangulaire.

Myzus ornatus sur séneçon.

Myzus ornatus est **anholocyclique**. En cas d'hiver froid, ses populations se maintiennent probablement sur des cultures abritées sous serre chauffée ou sous abri froid. Espèce polyphage, *Myzus ornatus* colonise les pommes de terre, le tabac, les brassicacées, le tournesol et le lupin.

Les dégâts dus au puceron orné sont directement liés aux prélèvements de sève et restent insignifiants du fait de ses faibles densités. Il produit cependant un **miellat** abondant qui peut gêner la photosynthèse des plantes. Cette espèce peut transmettre une vingtaine de virus selon le **mode persistant**, comme celui de la mosaïque-énation du pois (PEMV), le virus de l'enroulement de la pomme de terre (PLRV), le virus de la jaunisse occidentale de la betterave (BWYV), et selon le **mode non persistant** sur pomme de terre (PVY), sur brassicacées (CaMV et TuMV).

Plantes hôtes : nombreuses familles botaniques dont les liliacées (oignon), les astéracées (laitue), les brassicacées, les apiacées, les solanacées et des plantes à fleurs…

Myzus (Nectarosiphon) persicae (Sulzer)
Puceron vert du pêcher

Aptère : 1,2 à 2,5 mm, vert clair à vert jaunâtre, tubercules frontaux convergents, cornicules assez longues, claires ; les fondatrices sont roses, les femelles ovipares rouge lie de vin.

Ailé :

Corps	1,4 à 2,3 mm, vert clair.
Antennes	longues et pigmentées sauf à la base de l'article III.
Front	avec tubercules frontaux proéminents et à bords convergents.
Abdomen	large plaque discale sombre, échancrée latéralement et perforée, sclérites marginaux.
Cornicules	longues, sombres, avec un léger renflement.
Cauda	digitée.

Colonie sur betterave et ailé sur pêcher de *Myzus persicae*.

Myzus persicae peut avoir deux types de cycles différents : un **holocycle diœcique** au cours duquel l'espèce alterne entre des **hôtes primaires** du genre *Prunus* – essentiellement le pêcher et quelques pruneliers – et des **hôtes secondaires** herbacés, ou bien un **anholocycle** uniquement sur hôtes secondaires, lorsque l'hôte primaire est absent ou lorsque le climat, doux en hiver, lui permet de survivre par **parthénogenèse**. Dans ce dernier cas, les individus ne retournent pas sur les *Prunus* à l'automne.

Lorsque les populations sont **holocycliques**, les œufs éclosent sur les pêchers de fin janvier à fin avril suivant les régions. Les premières générations colonisent d'abord les boutons floraux et migrent ensuite sur les jeunes pousses. Les ailés, de plus en plus nombreux au cours du printemps, quittent les arbres fruitiers entre la mi-avril et la fin juin pour aller sur les plantes hôtes d'été. Ces plantes appartiennent aux familles les plus diverses : brassicacées, solanacées, astéracées, cucurbitacées... Les **gynopares** ailées apparaissent début septembre. Elles retournent vers les pêchers où elles pondent des femelles sexuées. Les mâles les rejoignent à partir de mi-octobre, les accouplements ont lieu, et les femelles pondent leurs œufs à la base des bourgeons ou des boutons floraux.

Le puceron vert du pêcher est l'une des espèces les plus dangereuses pour un très grand nombre de cultures, car il est très polyphage et vecteur de nombreux virus de plantes. En grandes cultures, on le trouve sur pomme de terre, betterave, colza ou pois protéagineux. Les **dégâts directs** dus aux prélèvements de sève élaborée n'ont une importance marquée qu'en cas de prolifération exceptionnelle des pucerons. Par contre, un petit nombre de pucerons porteurs de virus peuvent anéantir une culture.

Sur tabac, il existe une sous-espèce particulière, *Myzus persicae nicotianae*, souvent rouge foncée.

Myzus persicae transmet de nombreux virus sur le **mode persistant** et sur le **mode non persistant**. Dans le premier cas, on trouve le virus de la jaunisse modérée de la betterave (BMYV) et le virus de la jaunisse occidentale de la betterave (BWYV) sur betterave à sucre, pois et luzerne, ainsi que le virus de la mosaïque-énation du pois (PEMV) sur pois et luzerne. Il transmet aussi le virus de l'enroulement (PLRV) aux cultures de pomme de terre.

Sur le mode non persistant, l'espèce est préjudiciable avec la transmission du virus Y (PVY) sur pomme de terre, qui entraîne des pertes de rendement très importantes. Ce virus est également présent sur les cultures de tabac. *Myzus persicae* transmet aussi le virus de la mosaïque du concombre (CMV) sur tabac et plus rarement le virus de la mosaïque de la luzerne (AMV), qui affecte également un grand nombre de légumineuses. L'espèce étant très polyphage, elle visite de très nombreuses plantes sauvages réservoirs de virus.

Hôtes primaires : pêcher et autres *Prunus*.

Hôtes secondaires : une cinquantaine de familles botaniques : solanacées, astéracées, brassicacées, fabacées, cucurbitacées…

Nearctaphis bakeri (Cowen)
Puceron du trèfle

Aptère :	1,5 à 2 mm, de couleur variable vert foncé à rose orangé, avec de petits points noirs sur l'abdomen.	
Ailé :	Corps	1,5 à 2,1 mm de même couleur que l'aptère, avec une plaque abdominale.
	Antennes	moyennes avec de 11 à 13 rhinaries sur l'article III.
	Abdomen	avec une plaque sombre grossièrement carrée.
	Cornicules	courtes et coniques, pigmentées comme la plaque.
	Cauda	courte.

Nearctaphis bakeri sur trèfle.

Nearctaphis bakeri est originaire d'Amérique du Nord où il est **holocyclique diœcique**. Sur ce continent, les œufs d'hiver sont pondus sur les pommiers et poiriers. Les premières générations qui se développent sur les arbres au printemps provoquent l'enroulement des feuilles. L'espèce colonise ensuite le trèfle violet où elle se développe au cours de la belle saison. En France, les populations qui ont été introduites sont apparemment entièrement **anholocycliques** sur le trèfle violet.

Le puceron du trèfle colonise toutes les parties vertes de la plante, formant parfois de véritables gaines autour des tiges et des pétioles. Il s'abrite entre les stipules ou encore à la base de l'inflorescence, qui se dessèche. Aux États-Unis, cet insecte provoque des dégâts importants sur trèfle. Actuellement, il est surtout présent dans le Midi de la France, mais peut être observé occasionnellement ailleurs.

Plantes hôtes : diverses fabacées (trèfle violet, luzerne, mélilot...).

Rhopalosiphoninus latysiphon (Davidson) Puceron des germes de pomme de terre

Aptère : 1,4 à 2,5 mm, vert olive, avec une plaque qui couvre tout l'abdomen, facilement identifiable par ses cornicules noires, brillantes et très fortement renflées en leur milieu.

Ailé :

Corps	dodu, vert olive foncé, avec une plaque abdominale.
Antennes	longues et fines.
Abdomen	avec une plaque sombre et entière, en forme de trapèze.
Cornicules	extrêmement renflées et noires.
Cauda	moyenne, triangulaire et sombre.

Rhopalosiphoninus latysiphon est **anholocyclique**. Les populations se maintiennent toute l'année sur des plantes appartenant à diverses familles végétales. Dans les régions froides, les individus passent l'hiver dans les lieux de stockage, sur les bulbes des plantes à fleur ou les tubercules de pomme de terre.

Cette espèce cosmopolite vit sur les racines et les feuilles des plantes (tulipe, carotte, persil), et les bulbes entreposés (tulipe, glaïeul). On la trouve également sur les germes de plants de pomme de terre conservés en clayettes, où elle peut se multiplier très activement dans les caves humides et mal aérées. Les colonies forment alors des manchons très visibles. Leur présence prolongée peut affecter la vigueur germinative des plants. Les ailés, rarement rencontrés, apparaissent en mai. Cette espèce peut transmettre des maladies à virus telles l'enroulement de la pomme de terre.

Plantes hôtes : bulbes (tulipes, glaïeuls), solanacées, racines de plantes diverses...

Rhopalosiphoninus staphyleae tulipaellus (Theobald)
Puceron de la betterave

Aptère :	1,5 à 2,4 mm, vert olive à brun olive foncé, avec des bandes pigmentées sur le thorax et les premiers segments abdominaux, ainsi qu'une plaque abdominale.	
Ailé :	Corps	vert olive à brun foncé, avec une plaque abdominale sombre.
	Antennes	longues et fines.
	Abdomen	sclérites marginaux et plaque abdominale.
	Cornicules	fortement renflées et sombres.
	Cauda	moyenne sombre.

Rhopalosiphoninus staphyleae tulipaellus est **holocyclique diœcique**. L'espèce se reproduit l'hiver sur des arbustes forestiers, les staphyliers (*Staphylea pinnata*) et se développe durant la belle saison sur des racines de monocotylédones et de quelques dicotylédones. Cependant de nombreuses populations sont **anholocycliques** sur les hôtes secondaires. L'hivernation se fait alors sous forme d'individus **parthénogénétiques** vivant sur les bulbes des plantes à fleur ou sur les pousses des betteraves ensilées. Les formes ailées sont formées au printemps et s'envolent vers les cultures de betterave, assurant ainsi une dissémination précoce de divers virus comme ceux de la mosaïque et de la jaunisse de la betterave.

Hôte primaire : staphylier.

Hôtes secondaires : plantes à fleur (tulipe, hémérocalle, crocus, violette), chénopodiacées (betterave).

Rhopalosiphum insertum (Walker) Puceron vert migrant du pommier

Aptère : 2,1 à 2,6 mm au printemps sur hôte primaire, vert jaunâtre avec des raies longitudinales plus foncées, antennes courtes et foncées à l'extrémité, cornicules courtes, vert clair.
1,4 à 2,0 mm sur hôte secondaire (graminées).

Ailé :

Corps	1,5 à 2,5 mm au printemps sur hôte primaire. 1,6 à 2,0 mm sur graminées hôte secondaire.
Antennes	courtes, parfois de 5 articles, la base de l'article apical est courte et fortement renflée, le fouet est légèrement courbe.
Abdomen	vert brillant sur hôte primaire (jaunâtre à vert sur graminées), avec des sclérites marginaux foncés.
Cornicules	courtes, pigmentées, avec une constriction à l'extrémité.
Cauda	étroite et peu développée.

Rhopalosiphum insertum sur pommier.

Rhopalosiphum insertum est **holocyclique diœcique**. L'insecte hiverne à l'état d'œuf sur les rosacées, particulièrement sur pommier et poirier, ainsi que sur aubépine. Les premières femelles **fondatrices** éclosent dès mars et colonisent les bourgeons au moment de leur gonflement. Les populations se développent ensuite au cours de trois générations sur les pousses de printemps. La proportion d'ailés augmente rapidement au sein des colonies. Ces derniers quittent les pommiers et les poiriers pour migrer sur les racines de graminées qui sont leurs **hôtes secondaires**. Cette migration est précoce, les populations ayant généralement quitté les arbres dès juin. Les individus impliqués dans la reproduction sexuée (**gynopares** et mâles) retournent sur les pommiers et les poiriers à l'automne. Les œufs sont alors déposés sur le bois, dans des crevasses ou des replis de l'écorce.

Le puceron vert migrant n'est généralement pas considéré comme nuisible sur céréales. Il passe inaperçu, car il colonise les racines des graminées. Cependant il est vecteur du virus de la jaunisse nanisante de l'orge (BYDV), qu'il transmet aux graminées selon le **mode persistant**.

Hôtes primaires : rosacées (pommier, poirier, aubépine).

Hôtes secondaires : poacées.

Rhopalosiphum maidis (Fitch)
Puceron vert du maïs

Aptère :	0,9 à 2,4 mm, allongé, vert bleuté, cornicules et cauda courtes et foncées, taches violettes autour de l'insertion des cornicules.	
Ailé :	Corps	allongé, vert foncé avec des sclérites marginaux noirs.
	Antennes	courtes, égales à la moitié du corps, le fouet court.
	Abdomen	avec des sclérites marginaux et postcorniculaires.
	Cornicules	courtes (deux fois plus longues que larges), foncées, avec une légère constriction à l'extrémité.
	Cauda	courte et foncée.

Rhopalosiphum maidis sur blé.

Les populations de *Rhopalosiphum maidis* d'Europe et d'Amérique du Nord sont apparemment entièrement **anholocycliques** sur poacées. Cependant une population **holocyclique diœcique** effectuant sa reproduction sexuée sur *Prunus cornuta* a été trouvée dans l'Himalaya pakistanais. En France, on le trouve en début d'automne sur repousses et semis précoces d'orge dans la plupart des régions. On ne connaît pas ses possibilités d'hivernation sur place et il est rarement observé au printemps. Les populations adaptées au maïs semblent moins fréquentes et restreintes au pourtour du bassin méditerranéen.

Le puceron vert du maïs se trouve essentiellement sur la dernière feuille en croissance, où il provoque un enroulement longitudinal. Le **miellat** qu'il rejette en abondance permet le développement de **fumagine**. Il transmet la jaunisse nanisante de l'orge (BYDV).

Plantes hôtes : nombreuses poacées (maïs, sorgho, orge…)

Rhopalosiphum padi (Linnaeus) Puceron des céréales et du merisier à grappes

Aptère :	1,2 à 2,4 mm, de forme globuleuse, corps vert foncé avec des taches rougeâtres autour de l'insertion des cornicules.	
Ailé :	Corps	identique à l'aptère.
	Antennes	sombres, plus courtes que le corps.
	Abdomen	avec des sclérites marginaux et un plus important à la base des cornicules.
	Cornicules	droites et pigmentées, avec une constriction à l'extrémité.
	Cauda	courte et pigmentée.

Rhopalosiphum padi sur blé.

Rhopalosiphum padi est **holocyclique diœcique**. En Europe l'**hôte primaire** sur lequel a lieu la reproduction sexuée est le merisier à grappes, *Prunus padus*, et les **hôtes secondaires** sont des poacées cultivées ou sauvages. Des populations **anholocycliques** peuvent aussi se maintenir toute l'année sur des poacées à la faveur des hivers doux. Elles sont majoritaires dans les écosystèmes céréaliers français.

Les merisiers à grappes sont colonisés dès la mi-septembre par les premières **gynopares**. Elles se fixent à la face inférieure des feuilles et pondent immédiatement les larves des futures femelles fécondables, les ovipares. Les mâles ailés arrivent début octobre. Une fois fécondées, les femelles pondent leurs œufs à l'aisselle des bourgeons, à partir de la fin octobre. Au printemps, la première femelle issue de l'œuf d'hiver engendre deux ou trois générations de pucerons qui se développent sur les jeunes feuilles, provoquant ainsi la crispation du feuillage et des jeunes rameaux.

En mai et juin, les ailés, de plus en plus nombreux au sein des colonies, migrent pour gagner les hôtes secondaires, les poacées (blé, orge, maïs, graminées prairiales) et se retrouvent avec les populations qui ont hiverné à l'état d'individus **parthénogénétiques** sur repousses et semis de céréales d'hiver. Les colonies s'y développent au cours de la belle saison. Durant l'été et l'automne, on trouve des populations très importantes sur maïs. Les colonies se localisent entre la tige et la gaine des feuilles ou à la face inférieure des feuilles. Après la floraison du maïs, les populations se développent sur la panicule, les feuilles du sommet et les épis. À l'automne, les **gynopares** puis les mâles ailés, produits sur les poacées, retournent sur l'hôte primaire, et les individus parthénogénétiques ailés colonisent les jeunes semis d'orge et de blé.

Sous l'effet des piqûres de *Rhopalosiphum padi,* les feuilles des poacées s'enroulent en spirale. Les céréales de printemps sont les plus affectées. À l'automne, en fin de cycle végétatif du maïs, les populations **anholocycliques** très importantes de *R. padi* migrent sur les semis ou les repousses de céréales d'hiver où elles transmettent des virus responsables de la jaunisse nanisante de l'orge (BYDV).

Hôte primaire : *Prunus padus* (merisier à grappes).

Hôtes secondaires : poacées cultivées (blé, orge, maïs), prairiales et sauvages.

Schizaphis graminum (Rondani) Petit puceron des céréales

Aptère : 1,3 à 2,1 mm, allongé, vert pâle à vert-jaune, cornicules droites de longueur moyenne.

Ailé :

Corps	1,3 à 2,1 mm, vert pâle.
Antennes	courtes, avec un fouet long.
Abdomen	clair, sans pigmentation.
Cornicules	droites, cylindriques et courtes, claires, légèrement foncées à l'extrémité.
Cauda	allongée et pâle.
Ailes	nervure médiane divisée une fois.

Schizaphis graminum sur blé.

Schizaphis graminum est **holocyclique monœcique**. Il accomplit tout son cycle sur les poacées. Cette espèce est caractéristique des climats subtropicaux, méditerranéens ou steppiques. Elle se reproduit de façon sexuée sur diverses graminées. Avant l'hiver, les œufs sont déposés au pied des graminées où ils éclosent au printemps. Certaines populations **anholocycliques** se manifestent cependant lorsque les conditions climatiques le permettent.

En fin de printemps et début d'été, le petit puceron des céréales forme des colonies importantes sur les feuilles de blé, d'orge, d'avoine, de maïs, de sorgho et surtout des graminées des prairies (brome, fétuque, dactyle…). Par sa toxicité, la salive de cette espèce provoque des petites taches rougeâtres sur les feuilles, qui se dessèchent. Les épis avortent et s'atrophient. Les attaques se caractérisent par le développement de foyers d'infestation dans les champs. De plus, ce puceron transmet un des virus de la jaunisse nanisante de l'orge (BYDV).

Ce puceron est un ravageur important des cultures céréalières aux États-Unis. En France, il est peu fréquent. On le rencontre surtout près de la côte méditerranéenne.

Plantes hôtes : nombreuses poacées cultivées (avoine, orge, blé, sorgho, maïs), et prairiales (brome, dactyle, fétuque) ou sauvages.

Sipha (Rungsia) elegans del Guercio

Aptère :	1,4 à 2,1 mm, vert à jaunâtre taché de brun, hérissé de longues soies.	
Ailé :	Corps	1,4 à 2,1 mm, vert à jaunâtre taché de brun, hérissé de longues soies.
	Antennes	courtes avec 5 articles.
	Abdomen	nombreuses soies et taches sur l'abdomen.
	Cornicules	courtes, en forme de volcan.
	Cauda	arrondie.

Sipha (Rungsia) elegans est une espèce **holocyclique monœcique** qui accomplit tout son cycle sur des poacées. Chez cette espèce, les mâles sont **aptères**. Au printemps, elle forme des colonies sur les feuilles des graminées sauvages et cultivées. Les piqûres de ce puceron provoquent chez la plante une réaction sous forme de taches jaunes sur les feuilles, qui s'enroulent.

Cette espèce est peu fréquente.

Plantes hôtes : poacées sauvages (chiendent, fétuque) et cultivées (orge, blé).

Sipha (Rungsia) maydis Passerini Puceron brun du maïs

Aptère :	1,0 à 1,9 mm, brun brillant, avec de nombreuses et longues soies sur tout le corps.	
Ailé :	Corps	1,3 à 2,0 mm, brun.
	Antennes	courtes, avec 5 articles.
	Abdomen	avec une grande plaque noire à l'extrémité.
	Cornicules	réduites à un pore.
	Cauda	arrondie.

Sipha (Rungsia) maydis est probablement **anholocyclique**, aucune forme sexuée n'ayant jamais été trouvée. Le puceron brun du maïs se développe sur le maïs, le sorgho, le blé et les graminées sauvages. Les colonies se situent sur les jeunes pousses près de la base ou quelquefois sur la tige et sur les inflorescences. Les feuilles jaunissent, s'enroulent et se dessèchent. Les colonies sont visitées par les fourmis.

Cette espèce est peu fréquente.

Plantes hôtes : diverses poacées.

Sitobion avenae (Fabricius) Puceron des épis des céréales

Aptère :	1,3 à 3,3 mm, de couleur variable : orange, verte ou brune, avec des cornicules droites, noires et réticulées.	
Ailé :	Corps	1,6 à 2,9 mm, vert, orange ou brun avec des taches latérales sombres.
	Antennes	noires et longues.
	Abdomen	avec des taches latérales.
	Cornicules	moyennes, noires, droites et réticulées.
	Cauda	longue et claire.

Colonie et ailé de *Sitobion avenae* sur épis de blé.

Sitobion avenae est **holocyclique monœcique**, néanmoins de nombreuses populations sont **anholocycliques** dans les régions à hiver doux. Le puceron des épis colonise de nombreuses espèces de poacées mais principalement les céréales. Les œufs d'hiver sont pondus sur les chaumes des céréales ou à la base des tiges des poacées. Ils éclosent à la fin de l'hiver et donnent naissance à deux générations de femelles aptères, puis à des ailés qui contaminent les cultures. En début de saison, les premières colonies s'installent d'abord sur le limbe des feuilles supérieures, puis sur les épis dès leur sortie. Lorsque les populations sont abondantes ou lorsque les grains atteignent le stade pâteux, des individus ailés sont formés en quelques jours, ils quittent la culture et créent de nouvelles colonies sur des graminées encore vertes. Les formes sexuées apparaissent à l'automne, les mâles sont ailés. Les populations **parthénogénétiques** sont assez résistantes au froid et se maintiennent fréquemment en hiver (**anholocyclie**) sur les repousses et semis de céréales, ainsi que sur diverses graminées, et cela dans une grande partie des zones céréalières françaises.

Principal ravageur des cultures de blé au printemps, ce puceron peut, en cas de forte infestation, provoquer une diminution du nombre de grains par épi et du poids de 1 000 grains. Ces effets cumulés conduisent à une diminution du rendement pouvant atteindre 25 q/ha en **dégâts directs**. Les infestations tardives (proches du stade grain pâteux) sont moins préjudiciables au rendement que les infestations précoces (épiaison, floraison). Le puceron des épis est également vecteur de virus de la jaunisse nanisante de l'orge (BYDV PAV et MAV).

Sur céréales, la lutte raisonnée contre cette espèce nécessite d'observer les parcelles une à deux fois par semaine, de l'épiaison jusqu'au stade laiteux pâteux, et d'intervenir lorsque la population est en croissance rapide (doublement en cinq jours). Le seuil d'intervention est atteint lorsqu'un épi sur deux observés est colonisé par au moins un puceron ou bien lorsqu'on observe plus de 3 à 5 pucerons par épi au moment de la floraison ou au début du stade laiteux.

Généralement une intervention suffit. Il existe un outil d'aide à la décision (OAD) qui permet de prévoir les niveaux maximaux de population susceptibles d'être atteints, et la nécessité d'effectuer un traitement insecticide à partir d'une seule estimation des populations sur blé à l'épiaison et des températures moyennes enregistrées.

Plantes hôtes : diverses poacées.

Sitobion fragariae (Walker) Puceron des ronciers

Aptère :	2,0 à 3,0 mm, vert pomme ou rose, avec des cornicules longues, noires et droites.	
Ailé :	Corps	2,0 à 3,0 mm, vert jaunâtre ou rose, avec des sclérites dorsaux noirs.
	Antennes	longues et foncées.
	Abdomen	présence de sclérites marginaux et de sclérites dorsaux noirs.
	Cornicules	cylindriques, longues (deux fois plus longues que la cauda), noires et réticulées.
	Cauda	pâle et longue.

Sitobion fragariae sur blé.

Sitobion fragariae est une espèce **holocyclique diœcique** qui alterne entre les rosacées comme **hôtes primaires** l'hiver et différentes poacées comme **hôtes secondaires** l'été.

Les rosacées colonisées à l'automne au moment de la reproduction sexuée sont principalement des ronces (*Rubus fructicosus* en particulier), et plus rarement des rosiers et des fraisiers. Au printemps, après l'éclosion des œufs d'hiver et le développement des premières générations **parthénogénétiques**, les ailés migrent vers de nombreuses espèces de poacées (avoine, orge, brome, dactyle, houlque...). De petites populations peuvent se développer sur blé et sur orge, où on les confond aisément avec celles de *Sitobion avenae* plus nombreuses.

Cette espèce ne provoque pas de **dégâts directs**, mais elle transmet les virus de la jaunisse nanisante de l'orge (BYDV) qui peut causer des dommages importants.

Hôtes primaires : ronces, rosiers, fraisiers.

Hôtes secondaires : diverses poacées (avoine, orge, brome, dactyle, houlque, phléole).

Smynthurodes betae Westwood
Puceron des racines du haricot

Aptère : petit à moyen, 1,6 à 2,7 mm, globuleux, blanc jaunâtre, couvert de cire, avec la tête large, aplatie, marron clair ; l'insecte est couvert de nombreuses soies fines.

Ailé :

Corps	1,9 à 2,9 mm.
Antennes	courtes.
Abdomen	avec des sclérites qui s'agrandissent vers l'extrémité de l'abdomen.
Cornicules	absentes.
Cauda	demi-circulaire.

Smynthurodes betae est **holocyclique diœcique** sur le pourtour méditerranéen. Le puceron des racines de haricot alterne en effet entre le pistachier et diverses plantes herbacées essentiellement dicotylédones mais parfois monocotylédones. L'**holocycle** complet dure deux années avec formation de galles sur les pistachiers. Partout ailleurs, cette espèce est **anholocyclique** et se maintient donc toute l'année sur ses **hôtes secondaires**, de préférence des dicotylédones. Ce puceron est très polyphage. On peut le trouver sur diverses plantes cultivées comme la betterave, la pomme de terre, le tabac, le tournesol et de nombreuses plantes sauvages. Jamais abondant, ce puceron est cependant souvent rencontré. Les larves sont très mobiles, et les colonies sont fréquemment visitées par les fourmis. L'espèce peut même hiverner dans des fourmilières.

Hôte primaire : pistachier.

Hôtes secondaires : astéracées (tournesol), brassicacées (colza), chénopodiacées (betterave), fabacées (trèfle), solanacées (pomme de terre, tabac).

Therioaphis trifolii (Monell)
Puceron de la luzerne

Aptère : 1,4 à 2,0 mm, blanchâtre à jaunâtre avec des pigmentations abdominales constituées de petites plaques plus ou moins sombres surmontées d'une longue soie.

Ailé :

Corps	avec un réseau de petites plaques sur l'abdomen.
Antennes	moyennes et fines.
Abdomen	clair, avec un réseau de petites plaques.
Ailes	extrémité des nervures alaires enfumées.
Cornicules	coniques très courtes, légèrement pigmentées.
Cauda	en forme de bouton, légèrement pigmentée.

Aptères et ailé de *Therioaphis trifolii* sur trèfle.

Therioaphis trifolii est **holocyclique monœcique** dans les régions à climat froid, sinon il est **anholocyclique**. Le puceron de la luzerne, peu fréquent en France, vit donc toute l'année sur le même type de plantes. Il colonise essentiellement les fabacées (luzerne, trèfle, mélilot, sainfoin). Ses piqûres entraînent le dessèchement des feuilles, et le **miellat** produit permet le développement de **fumagine**, qui diminue l'assimilation chlorophyllienne. Il transmet également le virus de la mosaïque de la luzerne (AMV) selon le mode **non persistant**.

Plantes hôtes : fabacées (luzerne, trèfle, mélilot, sainfoin, astragale, lotier).

Trama spp.

Aptère :	2,1 à 3,8 mm, grand puceron allongé, blanc sale à marron clair.	
Ailé :	Corps	grand.
	Antennes	sombres.
	Abdomen	avec de larges bandes pigmentées.
	Cornicules	très courtes ou absentes.
	Cauda	demi-circulaire.
	Pattes	longs tarses postérieurs.
	Ailes	avec une nervure médiane presque invisible.

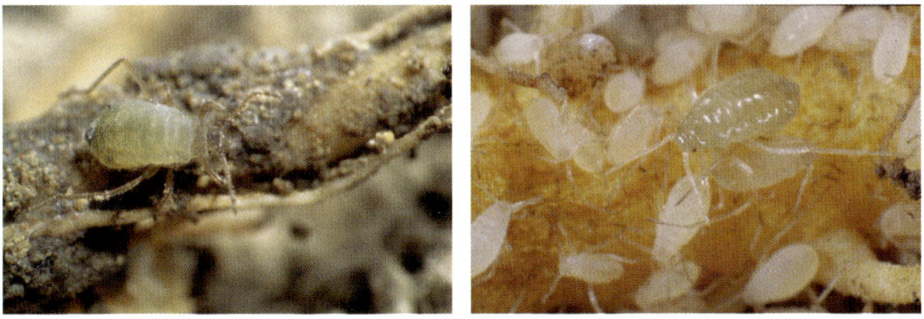

Trama spp. sur racines de salade.

On regroupe ici plusieurs espèces difficiles à distinguer et vivant sur les racines ou au collet des astéracées en association avec des fourmis. Ce sont des espèces **anholocycliques**. *Trama caudata, Trama troglodytes* se trouvent plutôt sur salades. On associe également au genre *Trama* d'autres espèces vivant sur les racines des astéracées et appartenant au genre *Protrama*. On signalera *Protrama radicis* et *Protrama flavescens*. Toutes ces espèces sont relativement mal connues et encore peu étudiées malgré leur présence assez régulière.

Plantes hôtes : astéracées cultivées (tournesol, laitue, chicorée, artichaut, salsifis) et sauvages (chardon, chicorée).

Les autres pucerons des racines

Baizongia spp. Rondani
Forda spp. von Heyden
Geoica spp. Hart
Paracletus spp. von Heyden
Tetraneura spp. Hartig

Ce sont des pucerons dont les aptères sont blanchâtres à jaunâtres, avec des pattes et des antennes courtes ou moyennes. L'abdomen est très bombé et souvent hémisphérique.

La détermination précise de ces espèces est affaire de spécialistes.

Ailé de *Forda* spp. sur feuille de pistachier.

Ces espèces vivent toutes sur les racines ou au collet des plantes.

Ce sont des espèces **hétérœciques** admettant les graminées comme **hôtes secondaires**. Leurs dégâts sont très difficiles à estimer. Dans les régions où les **hôtes primaires** n'existent pas, elles se maintiennent sous la forme **anholocyclique** si les conditions le permettent. Elles sont très visitées par les fourmis.

Hôtes primaires : pistachier pour les genres *Baizongia, Forda, Geoica* et *Paracletus*, et orme pour le genre *Tetraneura*.

Hôtes secondaires : racines des poacées sauvages et cultivées.

Les pucerons : activités de vol

Les pucerons ailés peuvent se déplacer facilement sur plusieurs kilomètres, voire sur des dizaines de kilomètres en se laissant entraîner par les courants aériens. Les pièges à aspiration mis au point initialement en Grande-Bretagne dès les années 1960 ont permis d'en suivre les déplacements.

Le réseau européen EXAMINE a ainsi été installé progressivement en Angleterre, puis en France et il est présent actuellement dans près de 80 sites répartis sur 23 pays.

Ces pièges fournissent des données quotidiennes de l'activité de vol des pucerons et permettent d'anticiper les possibles colonisations des parcelles par ceux-ci. Cette information est très utile pour les avertissements agricoles et particulièrement dans l'évaluation des risques liés aux maladies à virus.

Piège à aspiration.

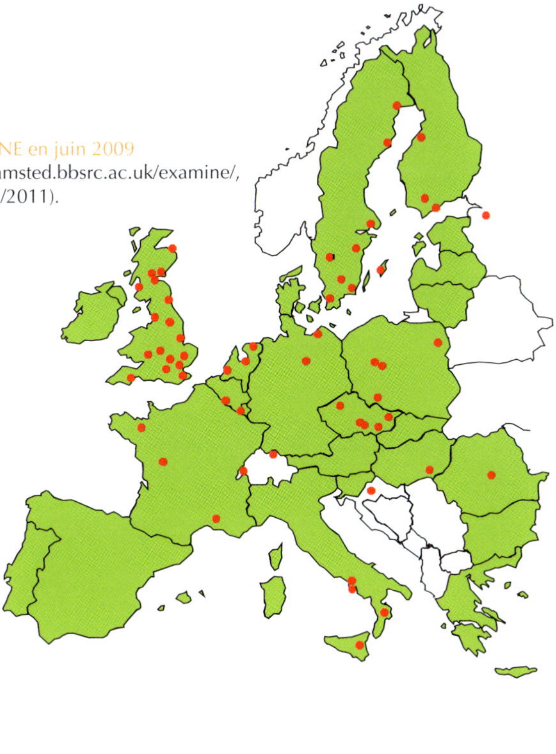

Le réseau EXAMINE en juin 2009 (http://www.rothamsted.bbsrc.ac.uk/examine/, consulté le 12/05/2011).

Ces données à vocation régionale ont permis aussi d'étudier les fluctuations des populations de pucerons depuis plus de quarante ans en Europe et d'évaluer l'impact des changements globaux sur leur biodiversité et leurs rythmes d'activité. On a ainsi observé une augmentation du nombre d'espèces présentes sur nos territoires en raison, d'une part, d'introductions fréquentes liées à l'augmentation des échanges internationaux de matériel végétal et, d'autre part, à l'activité accrue d'espèces qui étaient déjà présentes sur notre territoire mais à des niveaux auparavant trop faibles pour être détectées. De même, une précocité printanière des vols de plus en plus grande a pu être mise en évidence. L'avance a été d'une journée par an en moyenne depuis trente ans.

Cette troisième partie de l'ouvrage synthétise les informations sur 18 des principaux pucerons ravageurs des grandes cultures, acquises au niveau national via le réseau français Agraphid[1] (carte ci-dessous). Elles concernent la répartition géographique des espèces avec le nombre moyen d'individus piégés, la description de leur activité saisonnière de vol (données hebdomadaires moyennes de 1978 à 2005) et l'évolution de leurs effectifs depuis 1978.

Les différents pièges du réseau Agraphid :
actuellement il reste deux pièges en fonctionnement.

1. Créé en 1978 par l'Inra, l'Acta, Le réseau des instituts des filières animales et végétales, et les Services régionaux de la protection des végétaux (SRPV).

Acyrthosiphon pisum
Puceron du pois

Répartition géographique

Les fabacées sont connues et récoltées dans le monde entier. Leur principal puceron ravageur, *Acyrthosiphon pisum*, s'observe ainsi sur tous les continents. En France, cette espèce est très présente dans la moitié nord du pays, où sont cultivés le pois protéagineux, le pois de conserve, la féverole et la luzerne. Les tours du réseau Agraphid capturent surtout des ailés de la race pois.

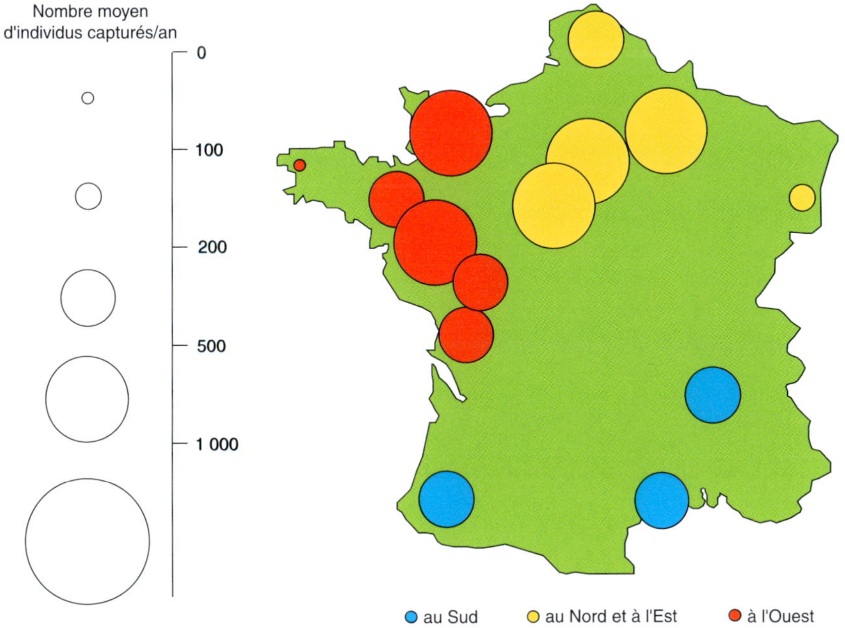

Activité de vol

L'activité de vol d'*Acyrthosiphon pisum* est différente selon les régions observées. Dans le Sud (couleur bleue), la reprise d'activité est très précoce, dès le début avril. Les effectifs maximums s'observent en mai puis déclinent jusqu'à la fin juillet. Dans le Nord-Est (couleur jaune), les migrations du puceron du pois démarrent plus tard. Les premiers ailés sont observés entre la fin avril et le début mai. Les populations se développent rapidement et atteignent des effectifs beaucoup plus importants que dans le Sud, avec un maximum d'individus piégés mi-juillet. À cette période, les pucerons contaminent les cultures et se multiplient sur les pois alors en pleine croissance. À la suite de la maturation des plantes, les populations régressent ensuite rapidement. L'activité de vol des populations des régions Ouest (couleur rouge) présente une situation mixte, avec deux périodes de vol. Un premier pic a lieu en mai comme dans le Sud, suivi d'un deuxième en juin-juillet comme dans le Nord, mais avec des effectifs moindres.

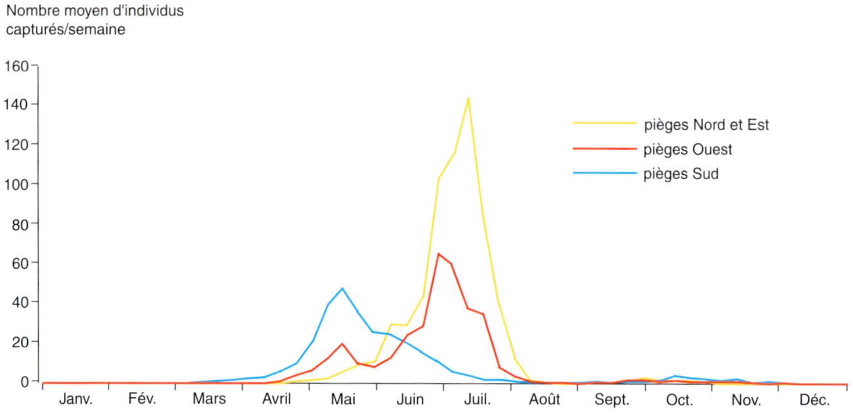

Ce gradient géographique Nord-Sud s'observe souvent chez les pucerons. La rigueur de l'hiver et du début du printemps détermine la précocité du vol de printemps (température des mois de décembre à février dans le Sud et de février à avril dans le Nord). Plus les températures seront douces durant ces deux périodes, plus précoce sera le vol au printemps. Le vol d'automne, quant à lui, est peu abondant dans toutes les régions. Il a lieu en octobre et peut se prolonger éventuellement jusqu'en novembre. Dans la région méditerranéenne, des individus ailés peuvent être capturés pratiquement toute l'année, montrant ainsi qu'*Acyrthosiphon pisum* peut rester actif tout le temps si le climat est favorable.

Variations annuelles d'abondance

Les variations annuelles d'abondance du puceron du pois sont parfois importantes et probablement liées à celles des surfaces consacrées aux protéagineux. L'augmentation des années 1990, par exemple, pourrait être due à celles des surfaces semées en pois protéagineux à cette période. Depuis lors les surfaces de ces cultures ont diminué de moitié. Le pic de 2004 correspond à une situation isolée : un vol précoce et exceptionnellement important à Valence.

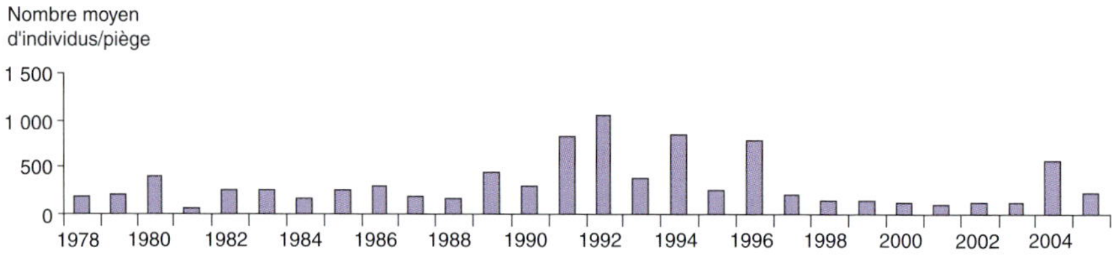

Anoecia spp.

Répartition géographique

Originaire du continent européen, le genre *Anoecia* est réparti de manière homogène sur tout le territoire tout comme son **hôte primaire**, le cornouiller sanguin, et ses **hôtes secondaires**, les poacées. Le cornouiller est effectivement très commun dans les haies, les lisières forestières, et il est actuellement souvent planté sur les bords des routes. De même, lorsque les *Anoecia* quittent les cornouillers, ils trouvent facilement leurs hôtes secondaires, les poacées cultivées ou sauvages, dont ils colonisent les racines.

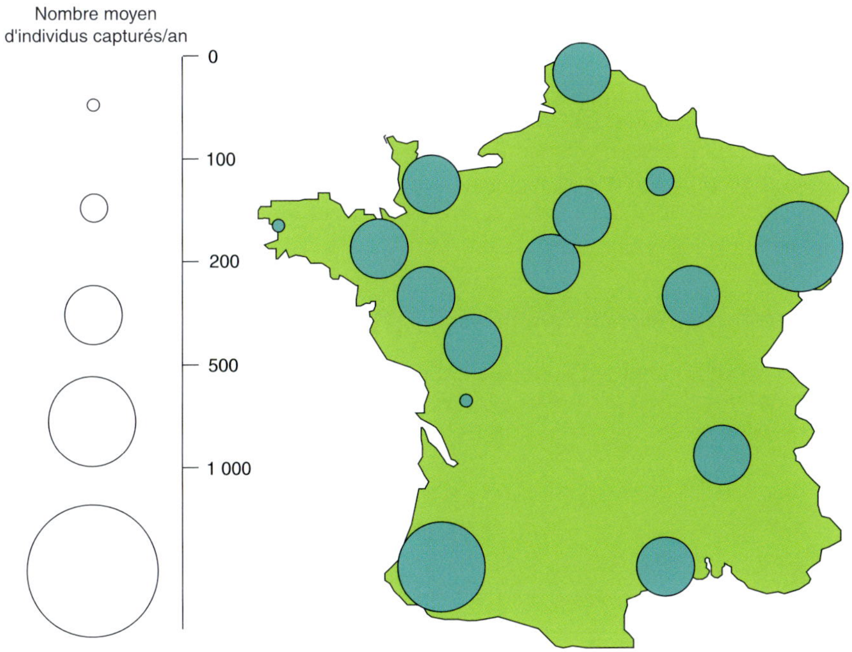

Activité de vol

L'activité de vol du genre *Anoecia* se caractérise par deux périodes de vol, avec des effectifs plus importants à l'automne. Ce profil de courbe à vol de retour dominant est caractéristique d'une espèce **holocyclique** alternant entre deux types d'hôtes différents. Toutes les régions présentent cette même activité de vol. Une telle uniformité est remarquable compte tenu que le genre *Anoecia* regroupe au moins deux espèces principales : *Anoecia corni* et *Anoecia vagans*.

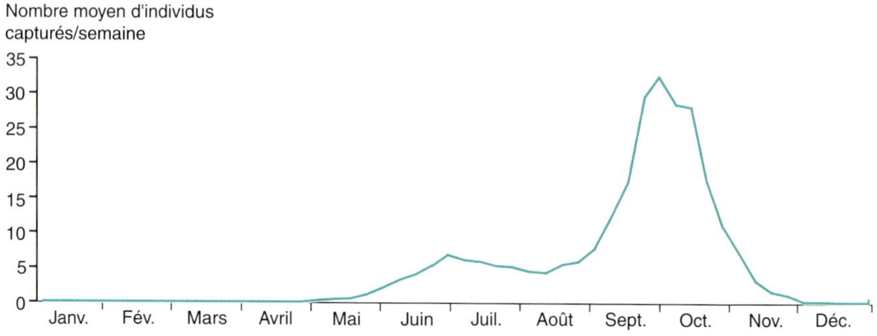

La première période de vol s'étale du mois de mai jusqu'au début du mois d'août. Elle correspond à la colonisation des graminées au printemps, puis à la dispersion sur ces mêmes plantes au cours de l'été. La précocité des vols de printemps est en étroite relation avec les températures de fin d'hiver et du début du printemps, surtout pour les régions Nord, Centre et Est : plus il fait doux à cette période, plus le vol de printemps est précoce. Le vol d'automne représente le retour vers les hôtes d'hiver, les cornouillers. Il peut avoir lieu dès le début d'août mais principalement en septembre et octobre. Ce vol est plus important dans la moitié nord de la France en raison de la prédominance du mode de reproduction sexuée.

Variations annuelles d'abondance

Les variations annuelles d'abondance du genre *Anoecia* sont faibles. Ces espèces sont donc régulièrement présentes sur céréales, mais n'y occasionnent que des dégâts mineurs.

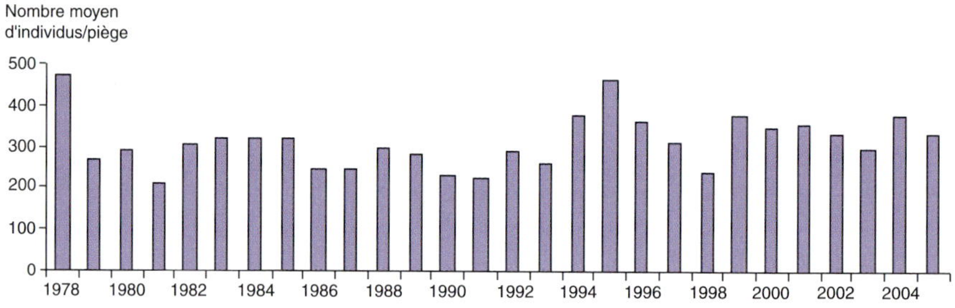

Aphis craccivora
Puceron noir de la luzerne

Répartition géographique

Originaire des régions tempérées du continent européen, le puceron noir de la luzerne a colonisé le monde entier et particulièrement les régions tropicales. Son identification basée sur des critères morphologiques étant difficile, sa répartition en France est mal connue. Cependant l'espèce semble plus abondante dans l'Est et le Sud de notre pays.

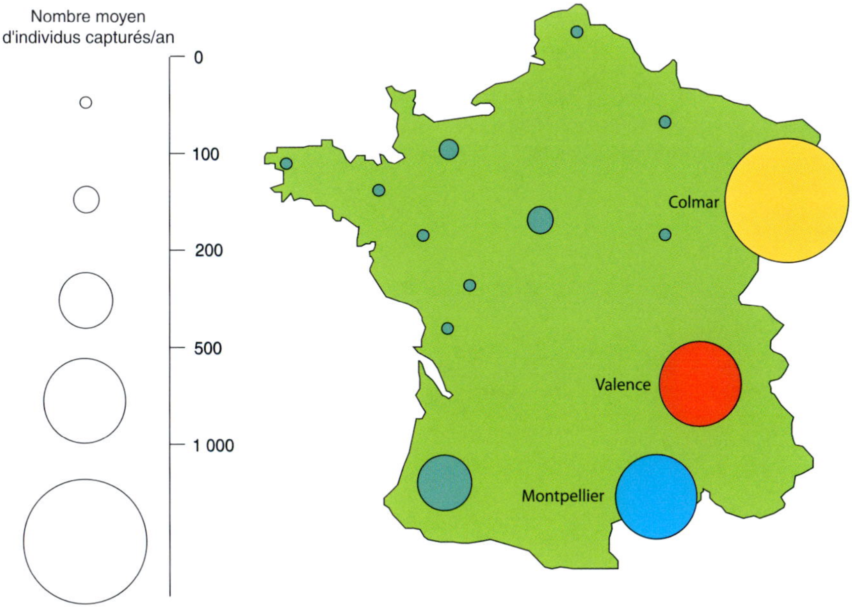

Activité de vol

Les captures *d'Aphis craccivora* (d'après les données des pièges de Montpellier, Valence et Colmar, où l'espèce est suffisamment abondante) correspondent à la **dissémination** des individus au moment du développement printanier et estival des populations. Elles sont de plus en plus tardives du sud au nord de la France. À Montpellier, les premiers ailés sont en effet capturés dès avril. Leur nombre augmente ensuite en mai et juin, pour décliner au cours de l'été et jusqu'à la fin de l'automne. L'activité des ailés est similaire à Valence mais avec un décalage d'un mois dans la saison. À Colmar, enfin, leur dissémination est encore plus tardive. Les premiers ailés sont capturés fin mai, mais ne sont abondants qu'en été, en juillet et surtout août. Leur nombre décroît ensuite très rapidement dès la fin de l'été, en septembre.

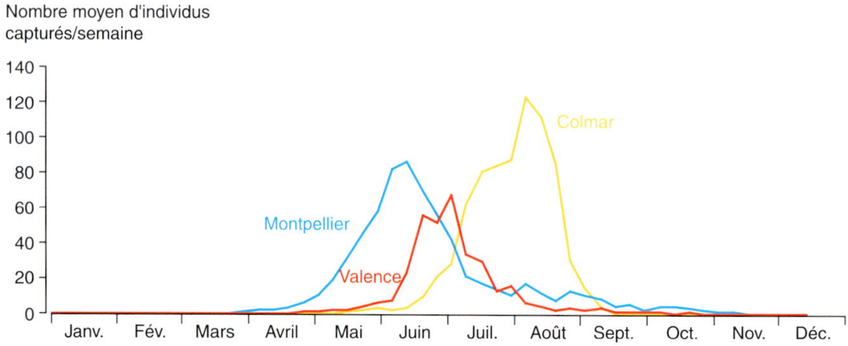

Variations annuelles d'abondance

Certaines années, les captures *d'Aphis craccivora* peuvent être très importantes. Ceci est souvent le fait d'un seul piège, comme à Colmar en 1984, 1992, 1996 et 2002, ou à Valence en 2004. Cette espèce peut ainsi connaître de véritables explosions démographiques qui restent localisées.

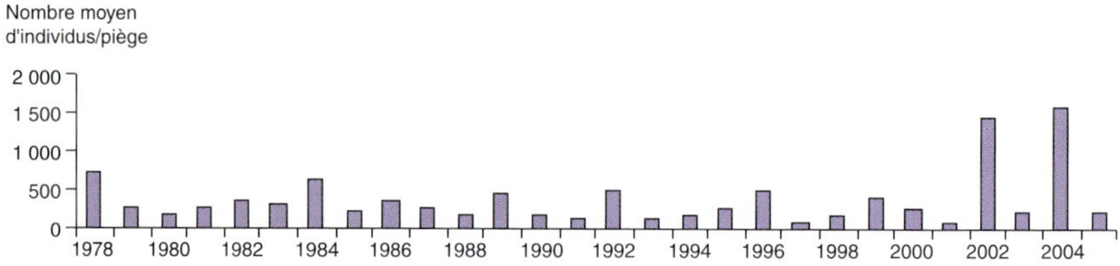

Aphis fabae
Puceron noir de la fève

Répartition géographique

Aphis fabae est largement répandu dans les régions tempérées de l'hémisphère Nord, de l'Amérique du Sud et de l'Afrique. Cette espèce est peu fréquente dans les zones tropicales. En France, elle est surtout capturée dans la région Nord et en Champagne-Ardenne. Cette répartition géographique suit celles des cultures de pomme de terre, de féverole et de betterave sur lesquelles l'espèce est abondante. Il est probable que la présence du fusain d'Europe, son **hôte primaire**, joue aussi un rôle dans cette répartition.

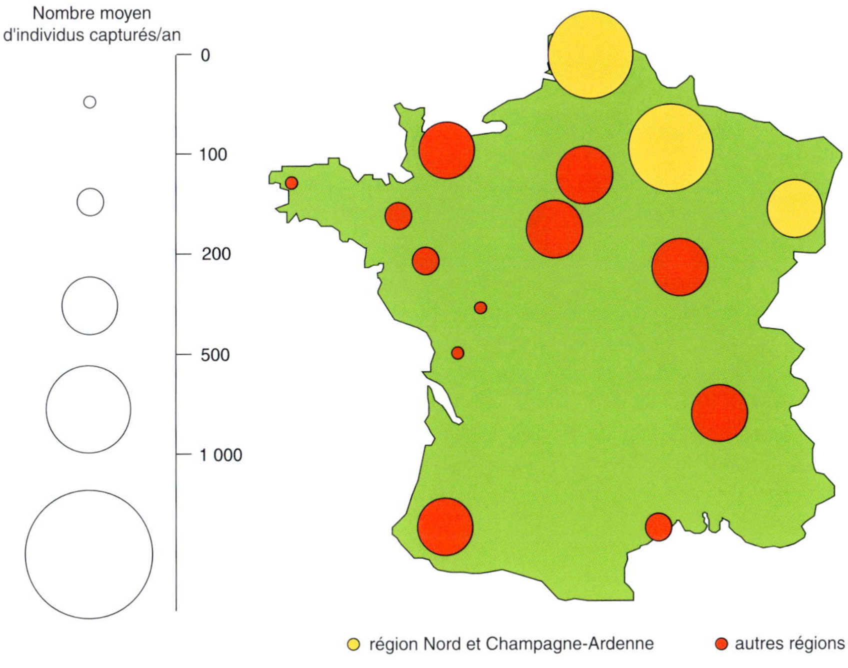

Activité de vol

Le puceron noir de la fève montre deux types d'activité de vol qui se différencient essentiellement par l'importance du vol d'automne.

Dans le Nord et en Champagne (courbe jaune), l'activité de vol est caractéristique d'une espèce sexuée alternant entre deux types d'hôtes différents. Dans ces régions, on observe en effet trois périodes de vol. La première, très courte, a lieu en mai et correspond au **vol d'émigration** grâce auquel l'espèce passe de son **hôte primaire**, le fusain, vers ses **hôtes secondaires**. La deuxième correspond au **vol de dissémination** sur **hôtes secondaires** et s'effectue et juin et juillet. C'est à ce moment que les pucerons colonisent un grand nombre de cultures telles

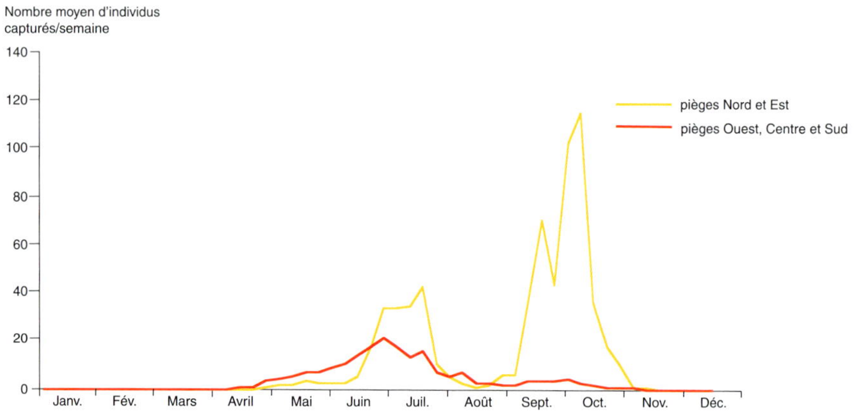

les pommes de terre et les betteraves. À partir de septembre, de nombreux ailés donnent naissance au 3e vol, le vol de **rémigration** qui correspond au retour vers l'**hôte primaire**, pour y accomplir la reproduction sexuée. Ce vol est composé principalement de femelles **gynopares** et de mâles.

Dans les autres régions (courbe rouge) où les effectifs sont plus faibles, il est plus difficile de distinguer les deux premiers vols. Ils sont souvent confondus en une seule période allant de la fin avril à la fin août. Le vol de retour y est aussi moins important, avec de faibles proportions de sexués, car les populations sont surtout **anholocycliques**.

La date d'apparition des premiers ailés de printemps dépend en général des températures de janvier et de février. Cette relation s'observe surtout pour la moitié nord de la France. Si cette période connaît une température clémente, les ailés seront formés tôt dans la saison, et les cultures seront contaminées précocement au moment où elles sont le plus sensibles aux ravageurs. Par ailleurs dans le nord de la France, l'importance du vol d'automne conditionne celle du **vol d'émigration** du printemps suivant. Un retour massif sur **hôte primaire** permettra donc le plus souvent une contamination importante des **hôtes secondaires** au printemps suivant.

Variations annuelles d'abondance

De fortes différences annuelles d'effectifs sont observées. Dans le Nord et en Champagne, elles sont dues essentiellement aux variations dans les captures automnales (pièges d'Arras/Loos-en-Gohelle en 1978, 1980 et 1991, et de Reims en 1990, par exemple), et dans le Centre ou l'Est, plutôt aux variations printanières (Orléans et Colmar en 1979, par exemple).

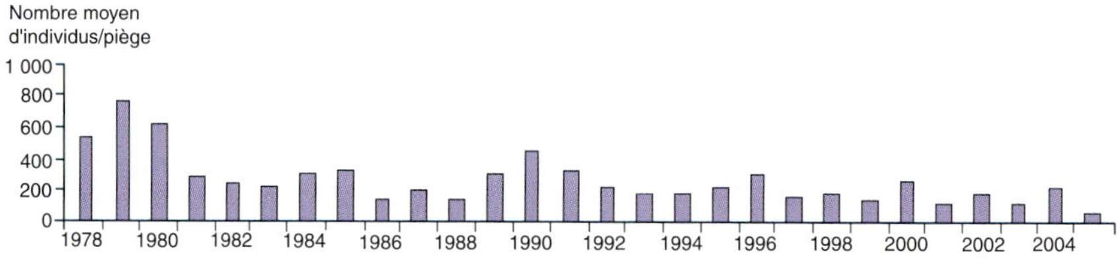

Aulacorthum solani
Puceron strié de la digitale et de la pomme de terre

Répartition géographique

Probablement d'origine européenne, *Aulacorthum solani* est répandu dans le monde entier. L'espèce est présente sur tout le territoire mais produit peu d'ailés, ce qui n'empêche pas son rôle agronomique important et son statut de ravageur par le grand nombre de virus qu'elle peut transmettre.

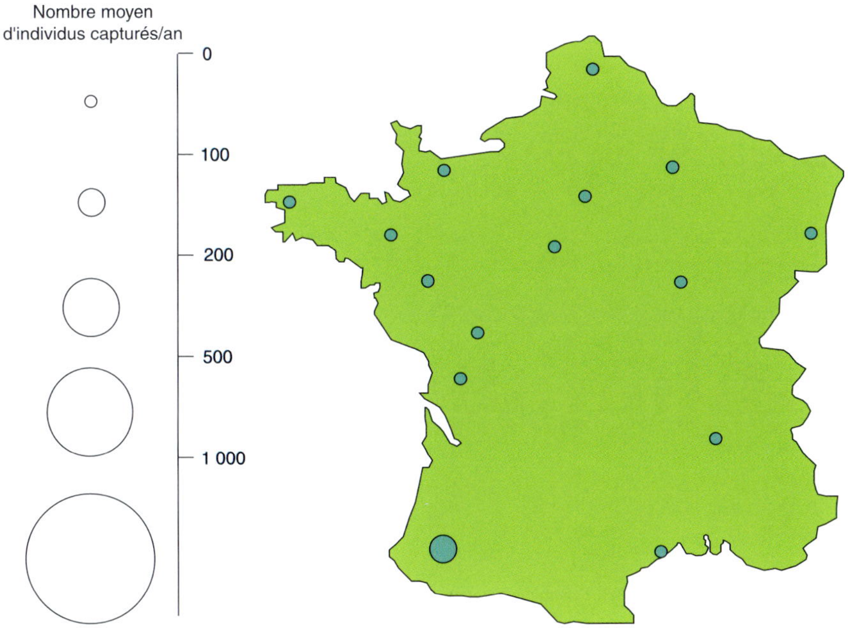

Activité de vol

L'activité de vol du puceron strié de la digitale et de la pomme de terre est assez faible, ce qui se traduit par des captures peu nombreuses. Cette activité se caractérise néanmoins par l'existence de deux périodes de vol bien distinctes, l'une au printemps-début d'été et l'autre en automne. Le vol de printemps est toujours précoce chez cette espèce, quelle que soit la région. Il commence en mars pour devenir plus important en avril et surtout en mai. Il s'achève à la fin juillet. À l'inverse, le vol d'automne est tardif et a lieu de la mi-octobre à la fin novembre avec de très faibles effectifs. Les vols de printemps sont d'autant plus précoces que les hivers sont doux, ce qui est assez caractéristique des espèces hivernant de façon **anholocyclique** sur les **hôtes secondaires**. L'hiver, l'espèce peut aussi trouver facilement refuge dans les cultures sous abri, serres et tunnels. Ainsi, dès que les températures extérieures sont favorables, elle redevient rapidement active.

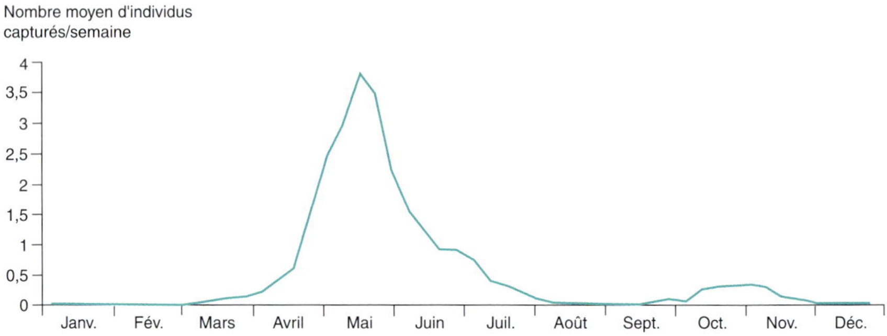

Variations annuelles d'abondance

Les captures d'*Aulacorthum solani* varient peu d'une année à l'autre. Les variations observées s'expliquent assez bien par les températures de la fin d'hiver et du début du printemps. Ce fut le cas en 1982, année où le printemps doux fut favorable à de nombreuses espèces de pucerons. Ce même phénomène s'est reproduit en 1988, 1990, 1995 et 2004. Les températures douces ont permis aux populations de pucerons de se développer et de produire beaucoup d'ailés.

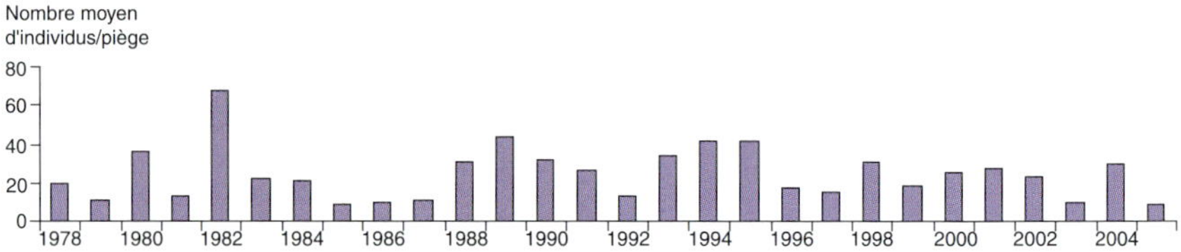

Brachycaudus helichrysi
Puceron vert du prunier

Répartition géographique

Originaire d'Europe, *Brachycaudus helichrysi* est maintenant présent sur les cinq continents. En France, l'espèce est très abondante dans la moitié nord, depuis les Charentes, où son **hôte secondaire**, le tournesol, est lui-même largement cultivé, jusqu'à l'Alsace, où ses **hôtes primaires**, les *Prunus*, sont fréquents.

Les maximums d'effectifs correspondent aux années où les surfaces de production de tournesol ont été les plus importantes, dans les années 1985 à 1991.

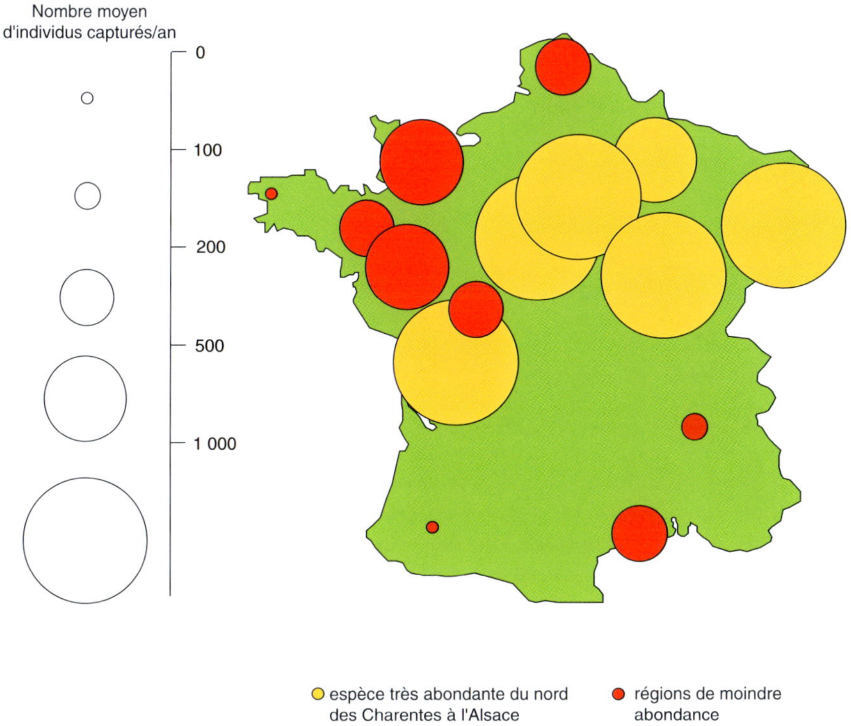

Activité de vol

Le vol de printemps du puceron vert du prunier est constitué des individus qui rejoignent leurs plantes hôtes d'été, dont le tournesol, et qui proviennent, selon les régions, soit de leurs **hôtes primaires**, les *Prunus*, sur lesquels ils ont hiverné sous forme d'œufs, soit des **hôtes secondaires**, les astéracées sauvages ou cultivées, sur lesquels ils sont restés actifs tout au long de l'hiver.

Des **vols de dissémination** se poursuivent tout au long de l'été et permettent à l'espèce de coloniser de nouvelles plantes.

Le vol d'automne a lieu dès septembre, ce qui est très précoce et correspond probablement à un départ massif des plantes en fin d'été. Ce vol est en effet dense dans les régions où les plantes hôtes fortement multiplicatrices comme le tournesol occupaient des surfaces importantes. C'est ce qui est observé à Aigre, Orléans, Versailles ou Auxerre (courbe jaune). Dans les autres régions (courbe rouge), ce vol est beaucoup plus faible.

L'absence de vols plus tardifs, en octobre ou en novembre, semble indiquer que la reproduction sexuée et le retour vers les *Prunus* restent peu fréquents sur notre territoire.

Les températures d'hiver conditionnent le vol de printemps, qui est d'autant plus tardif qu'elles ont été froides. Dans l'Ouest, le Nord ou le Centre, les vols de printemps peuvent être ainsi décalés de deux mois selon la rigueur de l'hiver.

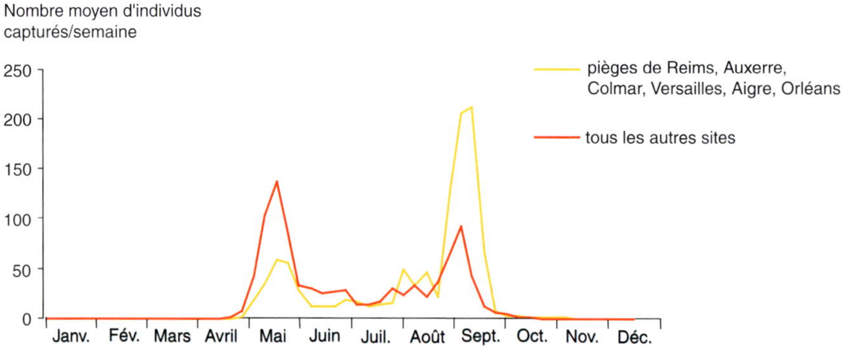

Variations annuelles d'abondance

Les captures annuelles de *Brachycaudus helichrysi* montrent de grandes variations selon les années. L'espèce peut connaître de véritables explosions démographiques en fin d'été ; ce fut le cas en 1985 à Aigre, en Charente, où plus de 10 000 individus furent capturés en septembre. Ce fut également le cas en septembre 1987 à Orléans et à Versailles. Ces années exceptionnelles alternent avec des années à effectifs restreints dus aux hivers froids comme en 1986, 1992 et 2003. Dans les régions Nord, Ouest et Sud, où les vols de printemps sont plus importants que les vols de retour, les variations n'atteignent pas de grandes amplitudes.

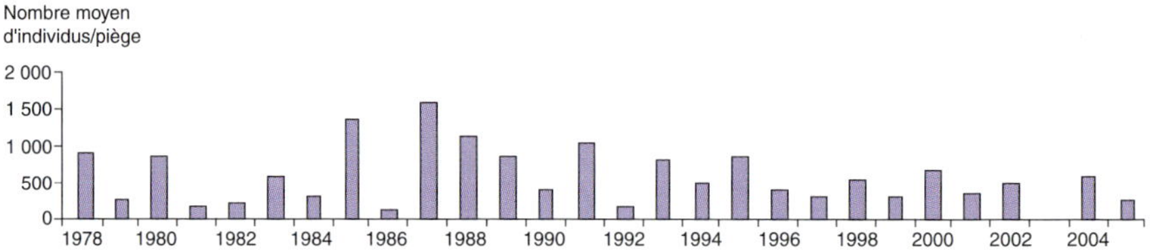

Brevicoryne brassicae
Puceron cendré du chou

Répartition géographique

Brevicoryne brassicae est une espèce très largement répandue dans les régions tempérées et chaudes du monde. Il colonise les brassicacées cultivées et sauvages, qui sont très présentes sur tout le territoire. En France, les densités les plus importantes se situent à Auxerre et Poitiers en liaison probablement avec les superficies en colza dans ces régions. Le puceron cendré du chou est aussi présent dans les autres régions avec des effectifs plus faibles.

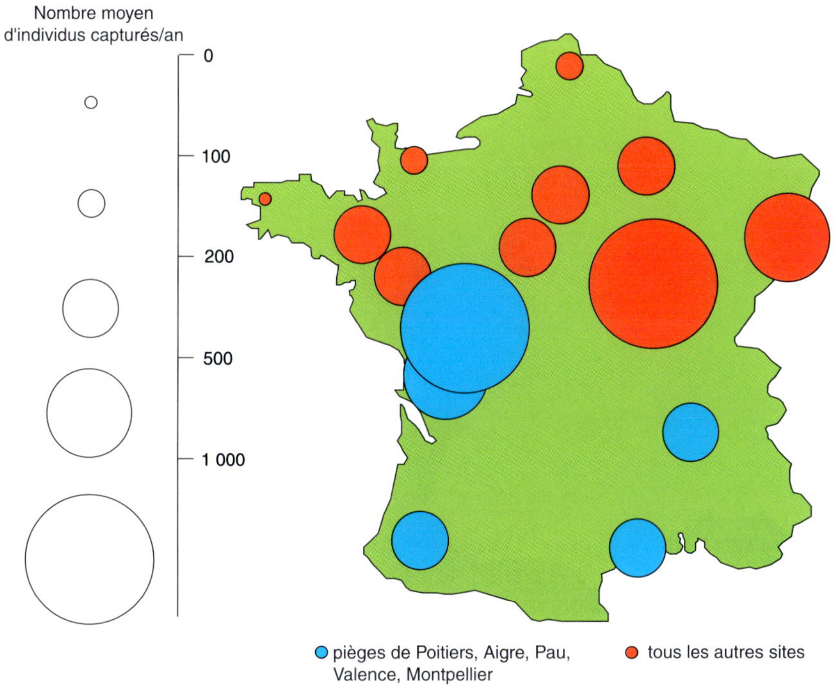

Activité de vol

L'activité de vol du puceron cendré du chou varie en fonction des régions et également en fonction des années. Dans le sud de la France (courbe bleue), le début du vol a lieu en mai. Ce premier vol est suivi par un second vol début juin, qui participe à la **dissémination** de l'espèce sur les brassicacées. Celui-ci est souvent plus long et plus important en effectif. Le maximum des captures se situe deux ou trois semaines après le début du **vol de dissémination**, entre la mi-juin et la mi-juillet. Cependant, entre les années précoces et les années tardives, ces vols peuvent être décalés de deux ou trois semaines. À l'automne, les vols sont faibles. Les premiers individus sont capturés dès septembre, mais les captures principales ont lieu plus tardivement en novembre.

Dans le Nord (courbe rouge), les captures commencent plus tard, fin mai-début juin, avec un pic d'activité en juillet moins important que celui des populations des pièges du Sud. À l'automne, le vol se fait en octobre, plus précocement que dans le Sud, et également avec peu d'individus piégés, sauf en Bretagne et dans le Nord.

De grandes différences de dates peuvent aussi être observées d'une année à l'autre dans une même région, en fonction de la rigueur de l'hiver et de la douceur du printemps. Les températures de l'hiver conditionnent effectivement le début des migrations. Des avances de six à huit semaines sont possibles les années particulièrement favorables. La sécheresse printanière et estivale favorise également les pullulations du puceron cendré du chou. Ainsi s'explique l'explosion des populations qui a eu lieu à Poitiers en 1997, où 10 000 individus ont été capturés en trois semaines.

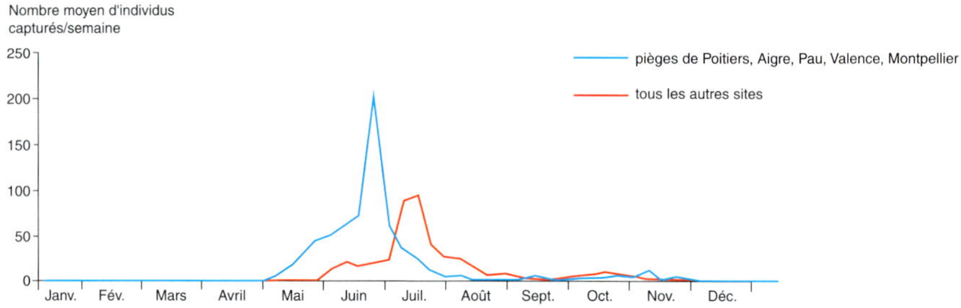

Variations annuelles d'abondance

Les captures de *Brevicoryne brassicae* peuvent varier beaucoup dans une région donnée, indépendamment des régions voisines. Les différences annuelles d'abondance semblent donc devoir être imputées plutôt à des conditions locales, voire des pratiques culturales, qu'à des tendances climatiques générales.

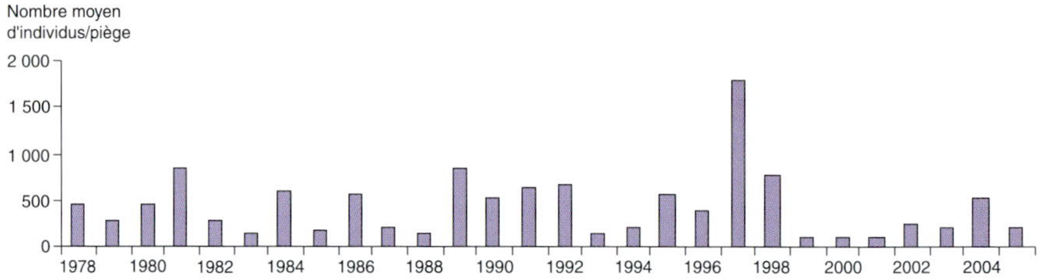

Macrosiphum euphorbiae Puceron vert et rose de la pomme de terre

Répartition géographique

D'origine nord-américaine, *Macrosiphum euphorbiae* a colonisé presque tous les continents. En France, l'espèce est présente partout. Les captures des ailés sont faibles en général sauf pour Arras/Loos-en-Gohelle, Colmar et Orléans, où la moyenne est plus importante. Elles ne rendent que partiellement compte de la densité réelle de cette espèce, qui colonise un grand nombre de plantes cultivées ou non.

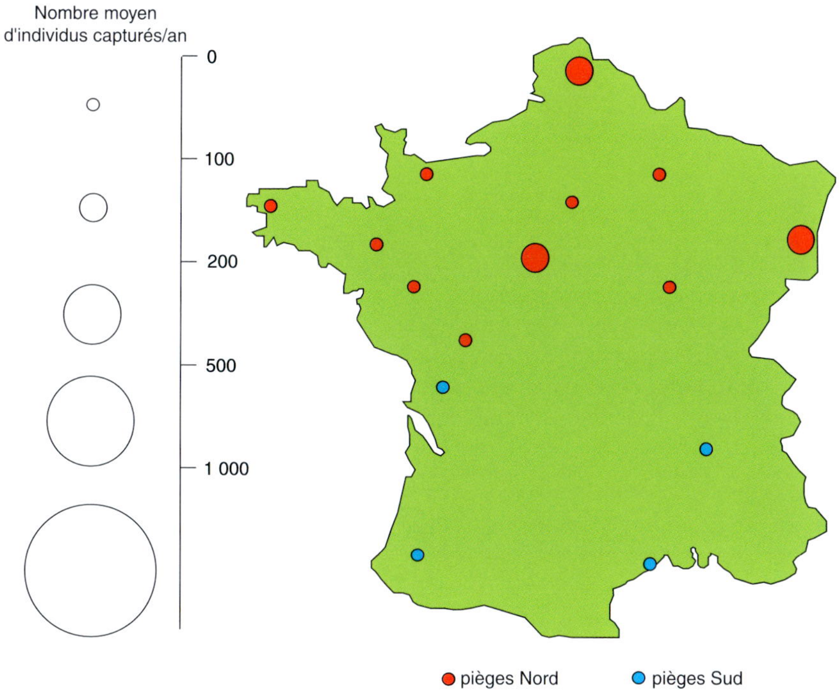

Activité de vol

L'activité de vol de *Macrosiphum euphorbiae* est très variable selon les régions et selon les années. Dans le sud de la France (courbe bleue), les premiers individus sont piégés en avril, la période principale de vol étant en mai. Dans le Nord (courbe rouge) les captures commencent à la mi-avril, soit environ deux semaines après le Sud. Par contre l'activité de vol y est plus importante et surtout plus longue, avec un premier vol en mai, suivi d'un deuxième **vol de dissémination** en juillet à la suite des phases de multiplication sur les différentes plantes hôtes. Dans le nord de la France où l'espèce est plus tardive, il existe une étroite relation entre les températures de l'hiver (de début janvier à la mi-mars) et le début du vol. Les hivers froids entraînent une mortalité importante chez cette espèce **anholocyclique** ; de ce fait les colonies mettent plus de temps à se reconstituer au printemps suivant, ce qui retarde d'autant la production et l'envol des ailés. Ainsi, après l'hiver froid de 1985-1986, les premiers ailés n'ont été capturés qu'en juillet 1986.

Les effectifs du vol d'automne sont très faibles. Les captures se font en septembre-octobre.

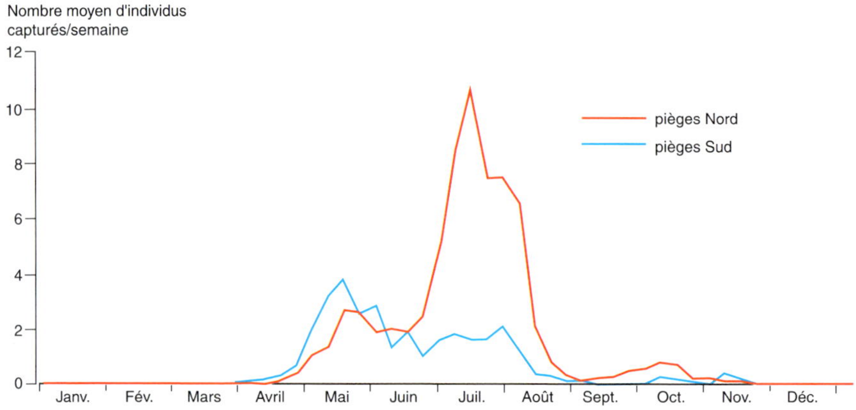

Variations annuelles d'abondance

L'abondance de *Macrosiphum euphorbiae* varie d'une année à l'autre. Jusqu'en 1995, la moyenne annuelle oscillait entre 50 individus et 100 individus par piège. Après des piégeages particulièrement nombreux surtout dans le Nord-Est en 1996, l'espèce se maintient depuis lors à des niveaux très bas, sans lien apparent avec les conditions climatiques ou les changements culturaux.

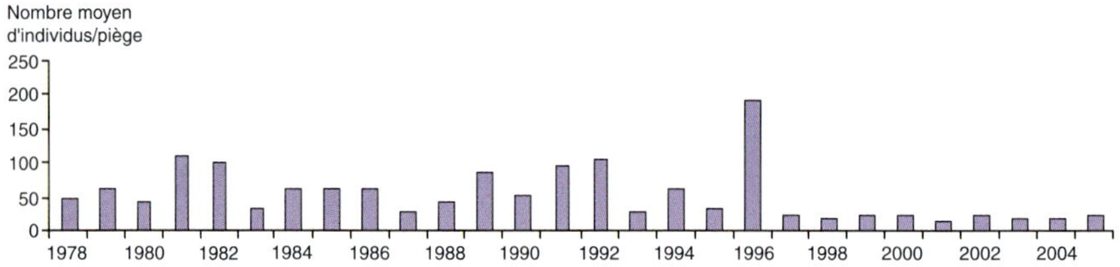

Megoura viciae
Puceron de la vesce

Répartition géographique

Le puceron de la vesce est fréquent en Europe, au Moyen-Orient et en Asie centrale. En France, il se rencontre sur tout le territoire. Ses captures aux pièges sont très faibles, ce qui relativise son importance comme vecteur de virus des fabacées.

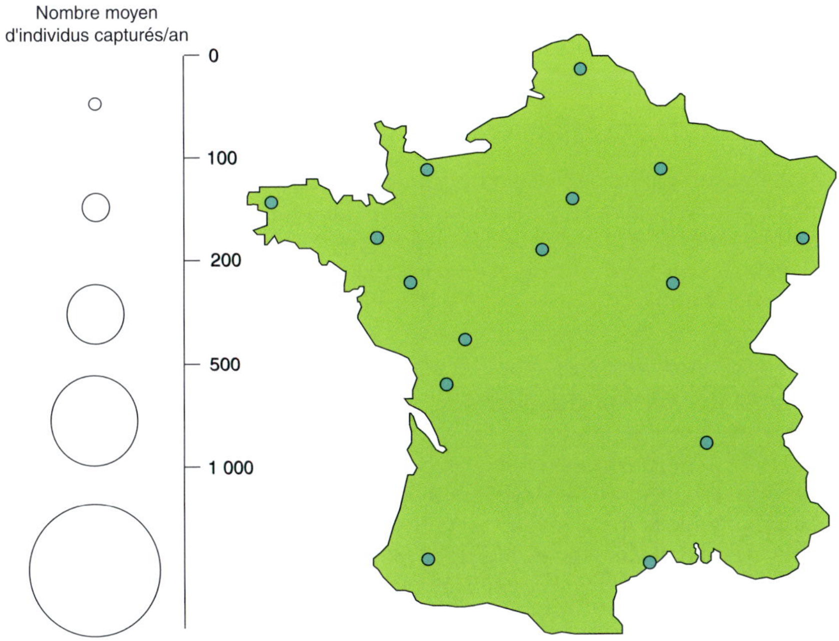

Activité de vol

Megoura viciae a une activité de vol essentiellement printanière et estivale. Plus précoces dans le Sud de la France, ses vols ont lieu durant toute la période de culture des fabacées et correspondent selon les régions soit à leur contamination, soit à la dissémination estivale de l'espèce. Dans le Sud, la date des premières captures est liée à la douceur de l'hiver et en particulier aux températures de janvier. Cette espèce, majoritairement **anholocyclique** en France, ne vole quasiment pas à l'automne.

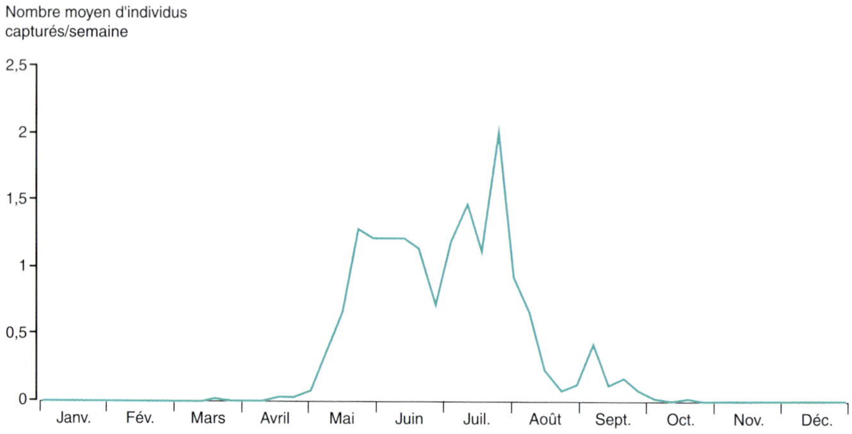

Variations annuelles d'abondance

Les captures annuelles de *Megoura viciae* montrent de faibles variations. L'espèce connaît un développement plus important certaines années dans un lieu donné, comme à Orléans en 1978 et 1981, ou à Pau en 1983, ou encore à Montpellier en 1988, 1993 et 1994. Depuis les années 2000, les populations se maintiennent à un niveau très bas.

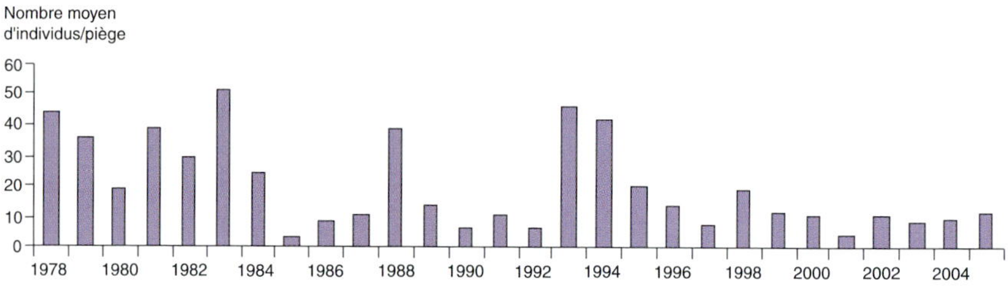

Metopolophium dirhodum Puceron des céréales et du rosier

Répartition géographique

Originaire du continent européen, le puceron des céréales et du rosier a colonisé toutes les régions tempérées du globe. En France, il est essentiellement capturé au nord de la Loire, où se cultivent les céréales sur de grandes surfaces. L'espèce peut développer des populations extrêmement abondantes.

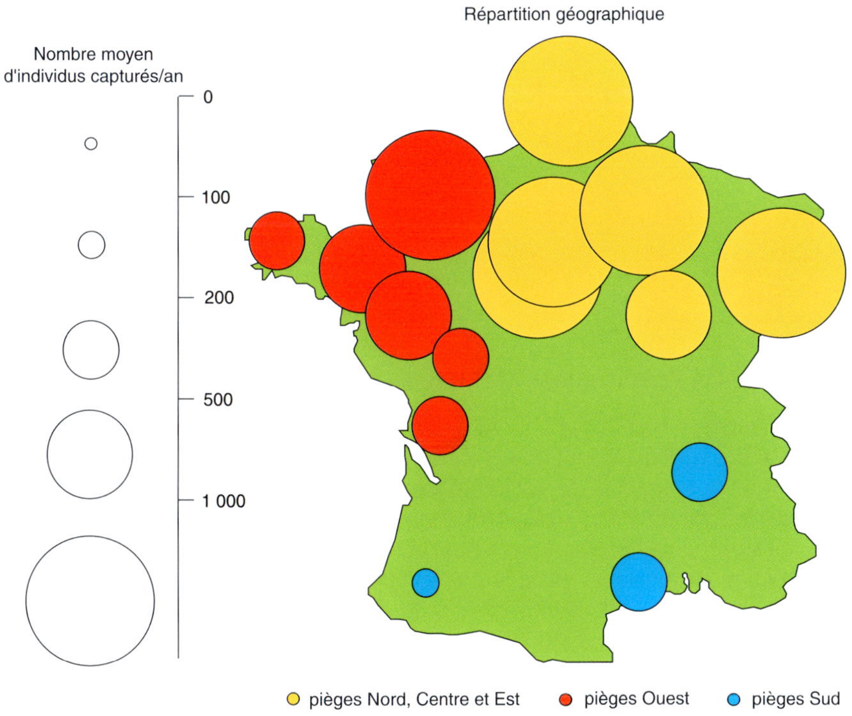

Activité de vol

Metopolophium dirhodum vole essentiellement au printemps et en été, les captures d'automne étant très faibles sans doute en raison d'un mode de reproduction majoritairement asexué. On observe un gradient assez prononcé du nord au sud de la France. Dans les régions Nord, Est et Centre (courbe jaune), où les effectifs sont les plus importants, les captures tardives de juin à début août correspondent à la contamination des cultures de maïs à partir de populations développées sur orge et blé. Dans l'Ouest (courbe rouge), l'espèce vole dès mai, puis principalement en juin et juillet. Ces vols sont moins importants que dans les grandes régions céréalières. Enfin, dans le Sud (courbe bleue), le vol commence encore plus tôt, en mai, et diminue vite en juin, avec des effectifs toujours plus faibles.

De façon très générale, les dates de premières captures et l'importance des vols de printemps sont liées à la douceur de l'hiver. Les températures clémentes de janvier à mars favorisent un départ précoce des ailés et une multiplication importante.

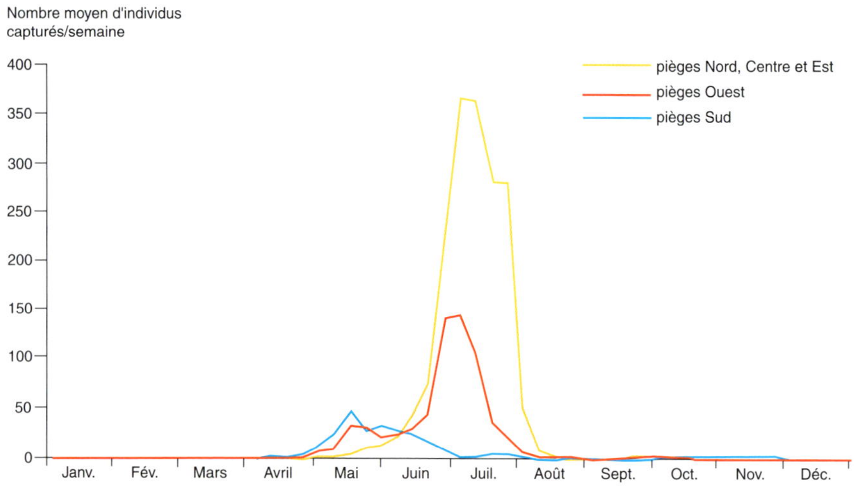

Variations annuelles d'abondance

Les variations annuelles d'abondance du puceron des céréales et du rosier peuvent être extrêmement fortes d'une année à l'autre et d'une région à l'autre. L'espèce peut connaître de véritables explosions démographiques comme cela avait été le cas en 1979 à Arras et Orléans, avec plus de 20 000 individus piégés. La prévision de ces pullulations reste difficile, car elles peuvent être dues à la conjonction de plusieurs facteurs relatifs au climat, aux pratiques culturales ou bien encore à l'impact des ennemis naturels. Il est à remarquer que de telles pullulations n'ont plus été observées depuis la fin des années 1990.

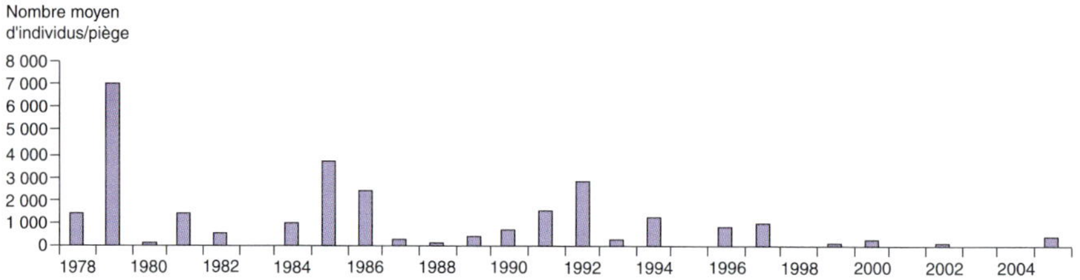

Metopolophium festucae
Puceron de la fétuque

Répartition géographique

Metopolophium festucae est une espèce européenne. En France, elle est présente sur tout le territoire mais y est néanmoins peu fréquente malgré l'abondance de ses plantes hôtes, les poacées sauvages ou cultivées. Il ne s'agit donc pas d'une espèce majeure des céréales.

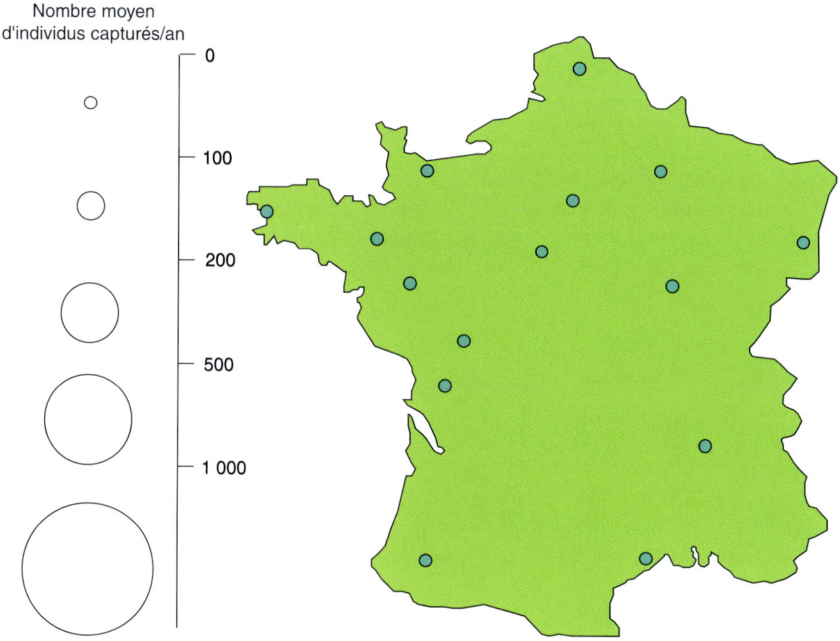

Activité de vol

L'activité de vol de *Metopolophium festucae* se caractérise, d'une part par l'existence de trois périodes de vol bien distinctes, printemps, été et automne, et d'autre part par la précocité et l'intensité relative du vol de printemps. En moyenne les premiers individus sont capturés en mars sauf dans le Sud, où quelques individus peuvent voler dès février. La date des premières captures est corrélée avec les températures de l'hiver. Ainsi les hivers froids de 1986 et 1991 ont ralenti le développement de cette espèce, et les premiers individus n'ont été piégés que fin juin, voire début juillet, suivant les régions. Le vol, initié en mars, continue au printemps, avec un pic en mai. Après un déclin en juin, l'espèce se dissémine à nouveau au début de l'été, en juillet, suite au développement printanier des populations. Ce deuxième vol est en général plus faible que le premier. À l'automne, le vol de retour est très discret et limité en nombre. Il a lieu en octobre. Il comporte parfois quelques mâles indiquant que la reproduction sexuée peut exister, même si elle reste faible par rapport à la reproduction asexuée.

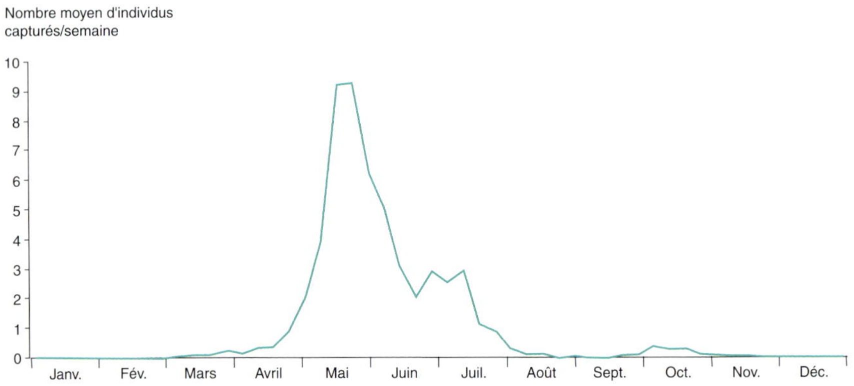

Variations annuelles d'abondance

Metopolophium festucae connaît des variations annuelles d'abondance relativement importantes, avec des années à fortes captures, comme en 1980 à Colmar et Rennes, ou en 1982 sur l'ensemble de la Bretagne, sans que ces fluctuations puissent être aisément expliquées par des facteurs climatiques ou culturaux.

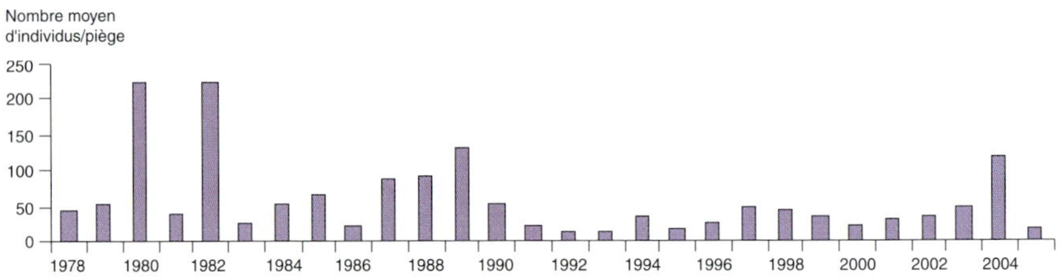

Myzus ascalonicus
Puceron de l'échalote

Répartition géographique

Le puceron de l'échalote est une espèce cosmopolite présente en Europe, en Inde, en Australie et en Amérique. En France, l'espèce est capturée dans toutes les régions mais en faible quantité.

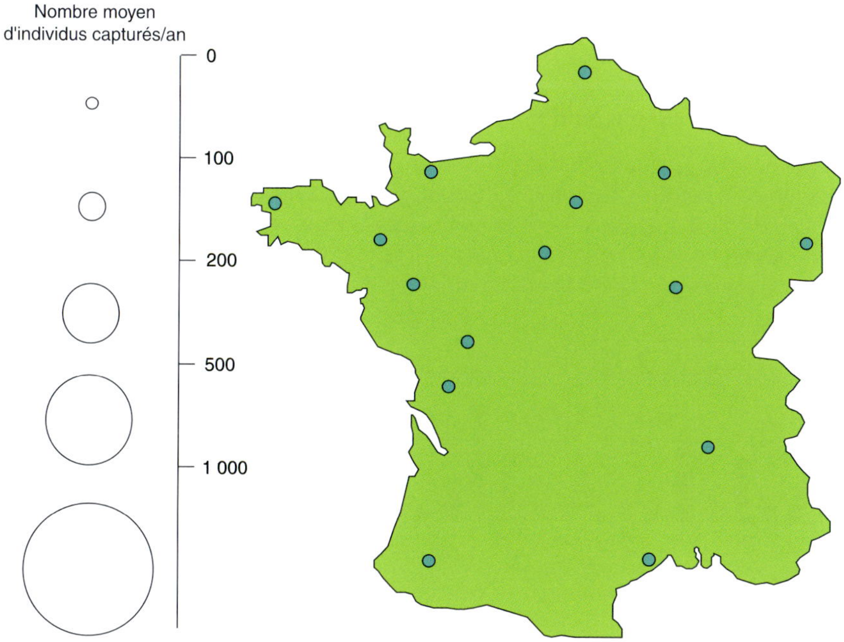

Activité de vol

L'activité de vol de *Myzus ascalonicus* est marquée par deux périodes de vol bien distinctes. La première est précoce puisque les captures commencent fin mars au nord comme au sud de la France. Ces dates de vol peuvent varier d'environ trois ou quatre semaines selon les régions ou les années, en fonction de la rigueur de l'hiver. L'espèce se déplace ensuite très peu au cours de l'été. Le vol d'automne est toujours très faible, sauf à Colmar, sans lien avec le mode de reproduction puisque cette espèce est asexuée. Il a lieu tardivement, fin octobre-début novembre. *Myzus ascalonicus* se distingue par la grande régularité de son rythme de vol qui varie très peu entre les différentes régions ou selon les années.

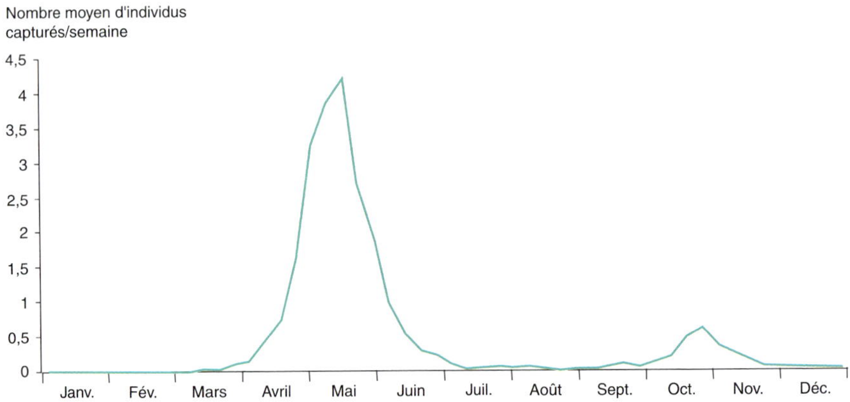

Variations annuelles d'abondance

Le puceron de l'échalote n'a été réellement abondant que quatre années, en 1980 dans le Nord et l'Est, en 1982 à l'Ouest, puis en 1988 et 1989 à nouveau dans le Nord et l'Est. Ces plus fortes densités sont liées à des températures hivernales plus clémentes. Mis à part ces circonstances particulières, les captures annuelles de cette espèce montrent là aussi une assez grande stabilité.

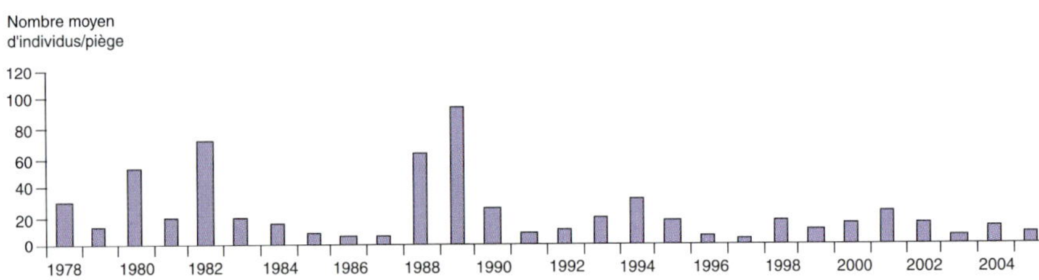

Myzus persicae
Puceron vert du pêcher

Répartition géographique

Myzus persicae est probablement originaire de l'Asie tout comme son **hôte primaire** principal, le pêcher. Cette espèce est maintenant répandue sur l'ensemble des cinq continents. C'est une espèce polyphage qui s'alimente sur un grand nombre de plantes et se maintient par **parthénogenèse** sur de nombreux **hôtes secondaires** tout au long de l'année si les conditions climatiques le permettent. La présence du puceron n'est donc pas liée obligatoirement à celle de ses **hôtes primaires**, les pêchers et quelques autres *Prunus*. Ainsi les surfaces importantes de pomme de terre et de betterave du nord de la France expliquent-elles les fortes densités de l'espèce dans ces régions, alors que dans le Sud sa présence est favorisée par de nombreux vergers de pêchers.

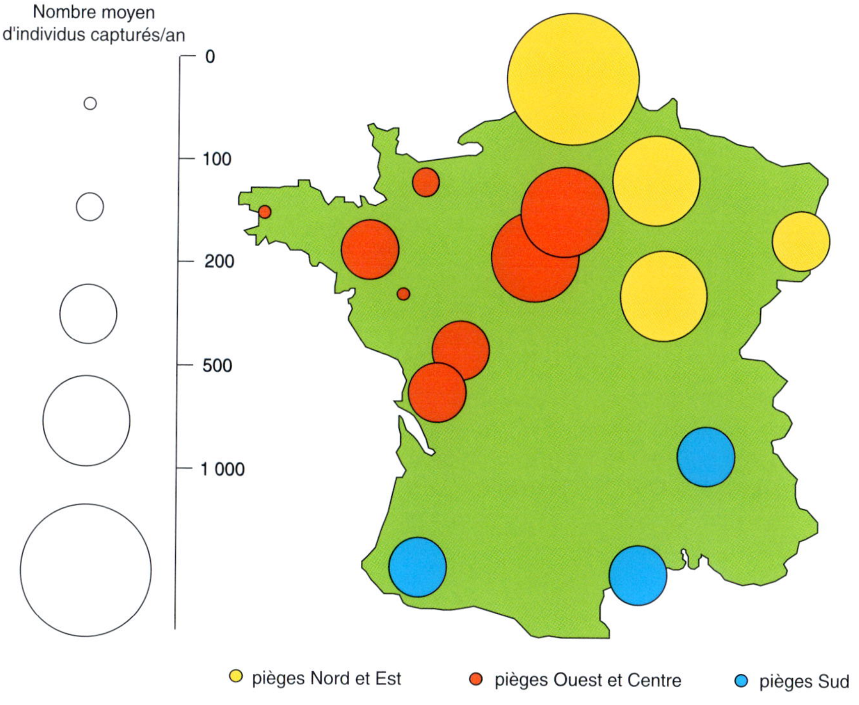

Activité de vol

Le puceron vert du pêcher montre deux périodes de vol, au printemps et à l'automne. Le vol de printemps, le plus important en effectif, dépend des conditions climatiques. Les premiers individus sont piégés début mars dans les pièges du Sud (courbe bleue), début avril pour les pièges de l'Ouest et du Centre (courbe rouge) et début mai, enfin, pour les pièges du Nord et de l'Est (courbe jaune). De même, à l'automne, les vols de retour s'étalent dans le temps entre septembre au Nord et novembre, voire décembre, au Sud, allongeant ainsi très sensiblement la période d'activité de l'espèce dans ces régions. L'importance du vol de retour est comparable du Nord au Sud, indépendamment de la fréquence des pêchers et donc de la reproduction sexuée.

À ce décalage géographique s'ajoutent des variations annuelles dues aux conditions climatiques. Les températures de janvier et de février semblent déterminer les dates des premières captures, surtout dans les régions où *Myzus persicae* se maintient tout l'hiver sous forme **parthénogénétique**. Dans le nord de la France, par exemple, les premières captures qui ont lieu en moyenne au 15 mai peuvent être retardées jusqu'à la fin juin en cas d'hiver particulièrement froid ou au contraire avancées à fin mars lors des hivers les plus doux.

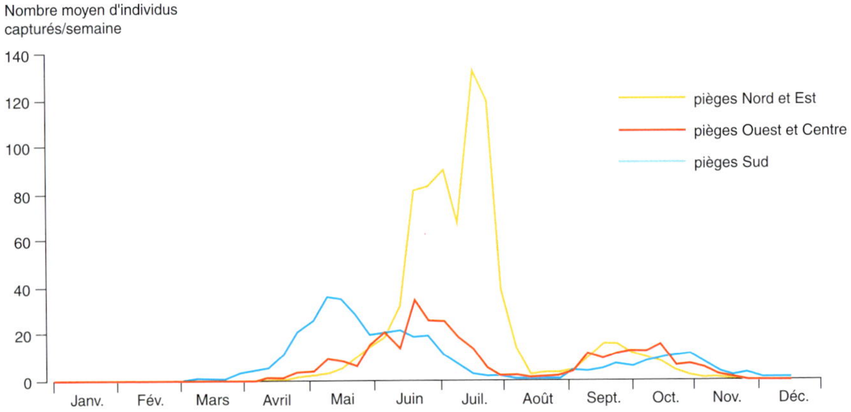

Variations annuelles d'abondance

Les variations interannuelles d'abondance de *Myzus persicae* peuvent être très importantes et différer d'une région à l'autre, comme en 1979 dans le Nord et l'Est, en 1982 et 1996 sur l'ensemble de la moitié nord. La douceur du printemps favorise ces pullulations régionales.

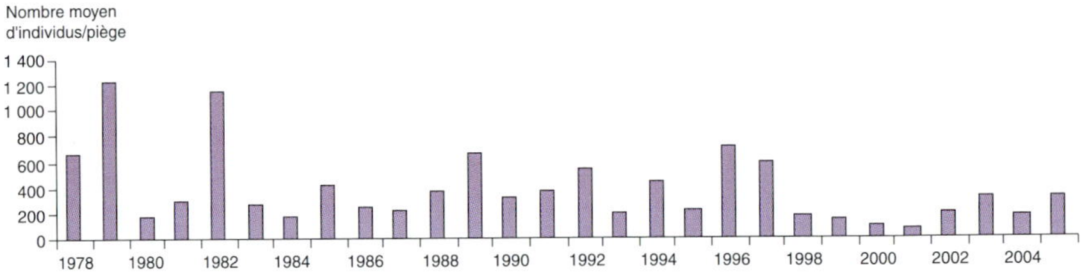

Rhopalosiphum insertum
Puceron vert migrant du pommier

Répartition géographique

Probablement originaire d'Amérique du Nord, *Rhopalosiphum insertum* colonise maintenant le continent européen. Les vols de cette espèce sont surtout observés sur la moitié nord et ouest, où ses **hôtes secondaires** (différentes poacées) sont abondants.

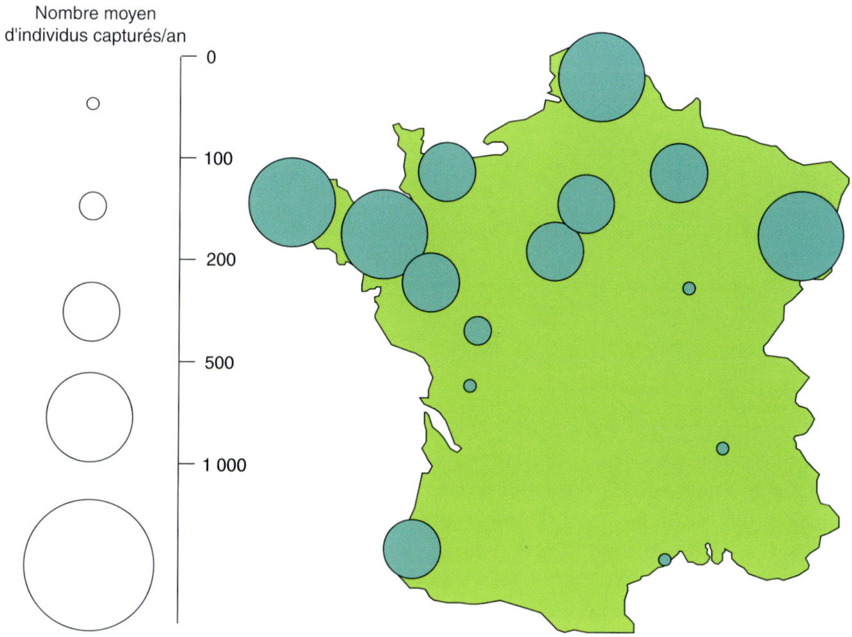

Activité de vol

Rhopalosiphum insertum montre les trois périodes de vol caractéristiques d'une espèce à reproduction sexuée avec alternance de plante hôte entre l'hiver et l'été. La première, en mai, correspond au **vol d'émigration**, lorsque les femelles ailées quittent les pommiers ou les poiriers pour coloniser les graminées. Elle est rapidement suivie de la seconde période de vol – et parfois se confond avec celle-ci –, pendant laquelle les colonies se dispersent sur les graminées. Cette période de **dissémination** s'étend de juin à fin août. Le vol automnal correspond au retour des sexués sur les **hôtes primaires** où auront lieu les accouplements. Il a lieu dès la mi-septembre et peut durer jusqu'à la mi-novembre.

Dans l'ouest de la France, les vols de printemps et d'été sont plus importants en effectif que le vol de retour, alors que l'inverse s'observe dans l'Est et le Nord. Le retour vers les hôtes primaires semble donc plus important dans les régions à hiver froid que dans les autres.

Par ailleurs, son mode de reproduction sexuée implique une **diapause** obligatoire de trois mois et rend l'espèce moins sensible aux conditions hivernales, si bien que les dates de la migration printanière et donc de la colonisation des graminées sont relativement stables d'une année à l'autre.

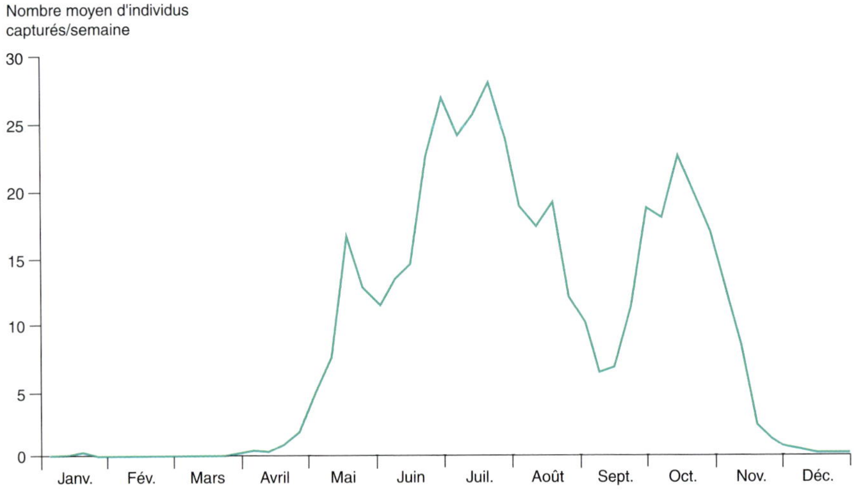

Variations annuelles d'abondance

Tout comme d'autres espèces des céréales, le puceron vert migrant du pommier a montré par le passé des pullulations importantes dans les années 1970-1990 et particulièrement en 1978, et qui n'ont plus guère été observées depuis lors. Le pic de 1978 est dû à un vol de retour qui a été extrêmement important dans tous les pièges en fonctionnement à cette époque. Celui de 1988 n'a été dû qu'aux pièges du Nord et de l'Est. Cette espèce est caractérisée par des explosions démographiques occasionnelles séparées par de longues périodes de moindre abondance. La démographie de cette espèce est difficile à prévoir, ce qui justifie un effort particulier de surveillance.

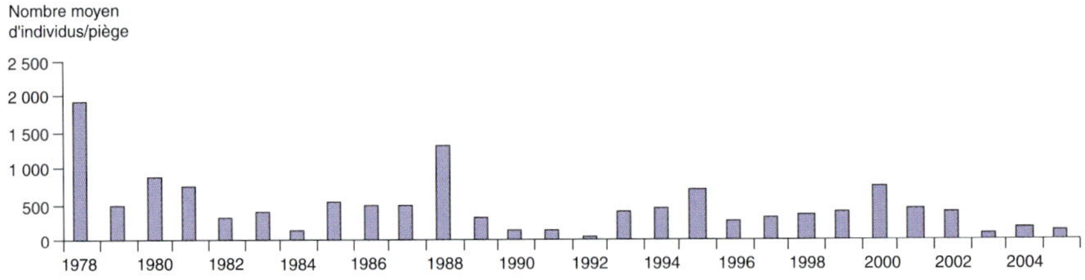

Rhopalosiphum maidis
Puceron vert du maïs

Répartition géographique

Originaire d'Asie, *Rhopalosiphum maidis* est une espèce largement répandue à l'exception des pays aux hivers trop rigoureux. En France, on la retrouve sur tout le territoire mais avec de faibles effectifs. Elle est présente en été et en automne sur repousses et semis d'orge, mais ne semble y passer l'hiver que dans le Sud.

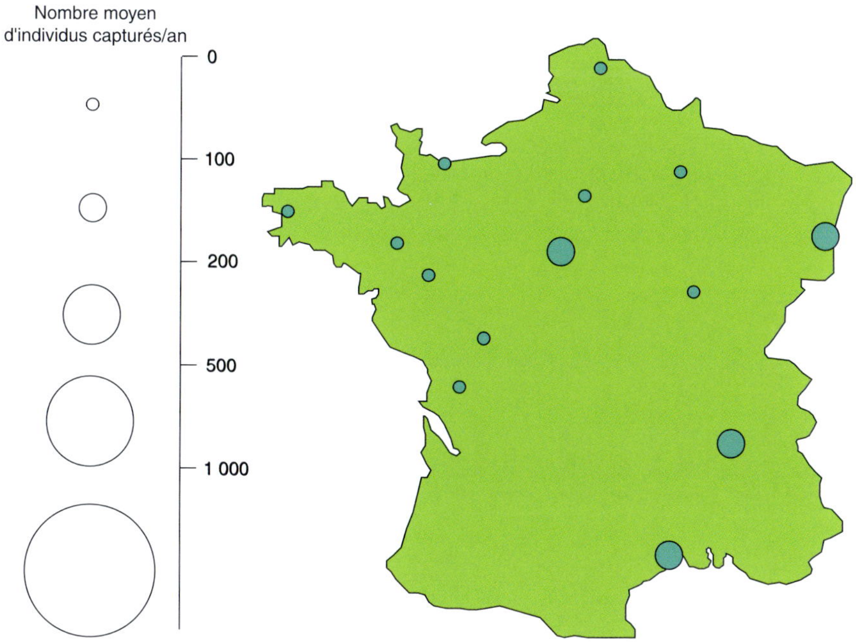

Activité de vol

Le puceron vert du maïs présente deux périodes principales de vol. La première est très variable selon les régions, débutant entre fin mars ou début avril dans le Sud, en juin ou même juillet dans le Nord, et finissant en juillet. Cette période de **dissémination** est donc particulièrement longue dans les régions méditerranéennes. Le vol d'automne a lieu de septembre à fin novembre et il est en général très faible.

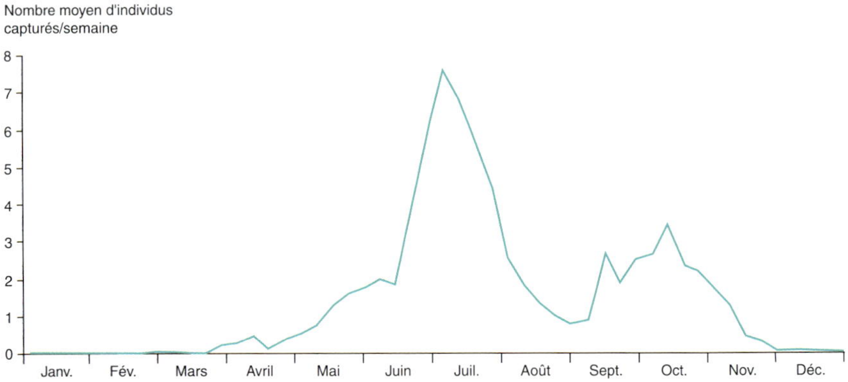

Variations annuelles d'abondance

Les captures de *Rhopalosiphum maidis* varient peu d'une année à l'autre et montrent rarement de fortes densités. Cette espèce n'a atteint des effectifs importants qu'à de rares occasions, comme à Colmar en 1979 ou Orléans en 1982, sans relation particulière avec des conditions climatiques.

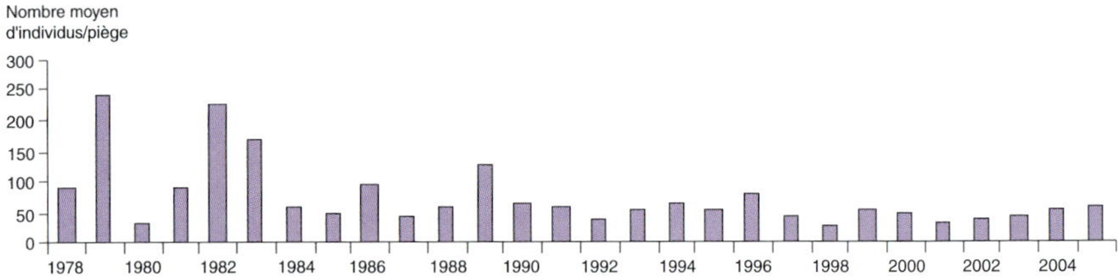

Rhopalosiphum padi Puceron des céréales et du merisier à grappes

Répartition géographique

Probablement originaire du continent européen, *Rhopalosiphum padi* a colonisé le monde entier. L'espèce est présente sur tout le territoire français. C'est également l'espèce la plus abondamment piégée dans le réseau Agraphid. La reproduction sexuée est fréquente dans le quart nord-est du territoire, où son **hôte primaire**, le merisier à grappes, pousse spontanément et où les hivers sont plus rigoureux. Dans les autres régions, l'espèce se maintient majoritairement ou exclusivement de façon asexuée sur graminées sauvages ou cultivées (blé, orge, maïs). Actuellement l'utilisation assez fréquente du merisier à grappes dans divers aménagements paysagers peut permettre localement le maintien de la reproduction sexuée dans des régions où celle-ci était rare (Ouest).

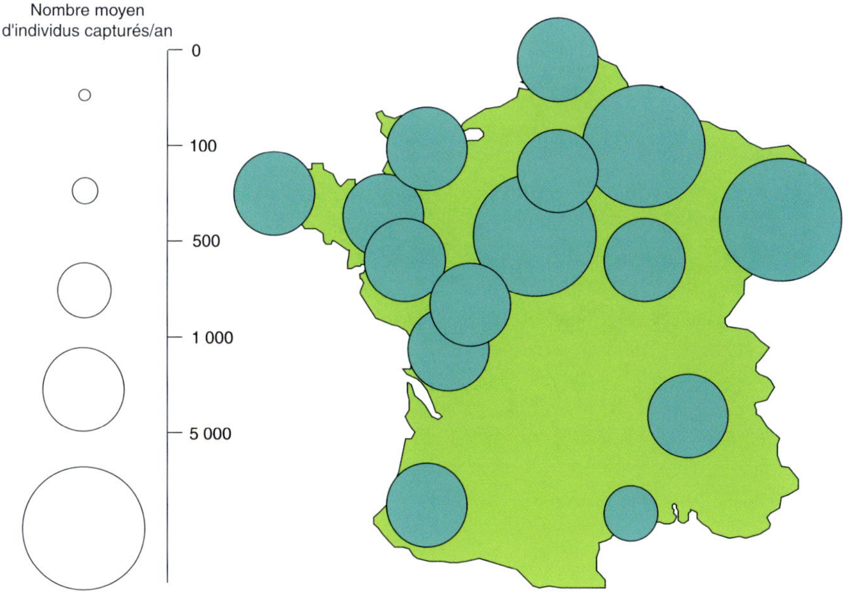

Activité de vol

L'activité de vol de *Rhopalosiphum padi* comprend trois périodes dont la plus importante est en général la période automnale.

Les vols du mois de mai sont régulièrement abondants dans le sud de la France ainsi que certaines années dans les régions océaniques comme la Bretagne. Dans ces régions à reproduction asexuée majoritaire, il s'agit plutôt des premiers **vols de dissémination** de populations ayant hiverné sur poacées. Dans les régions à reproduction sexuée fréquente, comme dans l'Est, il s'agit du **vol d'émigration**, qui permet le passage des pucerons des merisiers à grappes vers les poacées.

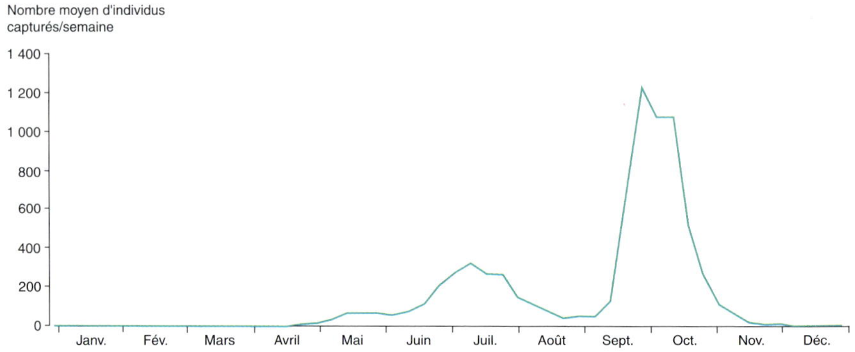

Les vols suivants, de juin et de juillet, correspondent dans toutes les régions à la **dissémination** des colonies sur céréales et poacées prairiales. C'est à cette époque, que les pucerons colonisent le maïs, devenu une plante hôte majeure de *Rhopalosiphum padi* entre 1960 et 1980, au fur et à mesure de l'augmentation des surfaces qui lui sont consacrées. Ce **vol de dissémination** est d'importance très variable selon les régions mais en général plus faible que le vol d'automne. Ce dernier a lieu dès septembre et peut durer jusqu'à la mi-novembre. Il correspond à la fois à un vol de retour des céréales vers les merisiers à grappes et à une migration vers les poacées prairiales, les repousses ou les céréales d'hiver, sachant que le premier est plus important dans le Nord-Est qu'ailleurs. C'est à ce moment que l'espèce est la plus dangereuse, car les individus ailés peuvent transmettre le virus de la jaunisse nanisante de l'orge (JNO ou BYDV) aux céréales d'hiver.

Les dates des premières captures sont souvent en relation avec les températures hivernales : plus il fait froid, plus les vols sont tardifs. C'est le cas plus particulièrement dans les régions océaniques où l'espèce est très majoritairement asexuée et où des individus restent actifs tout l'hiver sur poacées.

Avec la collaboration d'autres partenaires, l'UMR BiO3P a pu élaborer un outil d'aide à la décision (OAD) qui permet de décider de l'utilité d'un traitement insecticide. Celui-ci prend en compte les données de piégeage couplées à un certain nombre d'autres informations telles que les conditions climatiques, la quantité de virus disponible, les pratiques culturales (date de semis). Le risque extrêmement variable d'une année sur l'autre et potentiellement important justifie l'élaboration de tels outils d'aide à la décision.

Variations annuelles d'abondance

Le puceron des céréales et du merisier à grappes connaît des fluctuations annuelles extrêmement fortes sans commune mesure avec celles des autres espèces. On a observé certaines années de véritables explosions démographiques. Cela fut le cas en 1978 à Arras/Loos-en-Gohelle et Orléans (plus de 80 000 individus piégés), en 1986 à Colmar et Orléans, en 1996 à Colmar (120 000 individus) et en 1998 toujours à Colmar (150 000 individus). Depuis cette dernière date, l'espèce est en nette diminution dans les captures du réseau.

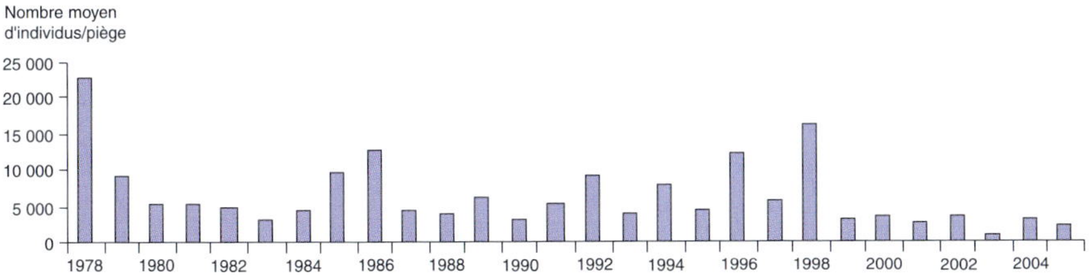

Nombre moyen
d'individus/piège
25 000
20 000
15 000
10 000
5 000
0
1978
1980
1982
1984
1986
1988
1990
1992
1994
1996
1998
2000
2002
2004

Sitobion avenae
Puceron des épis des céréales

Répartition géographique

Sitobion avenae a une distribution mondiale. On le trouve en Europe, au Moyen-Orient, en Asie, sur le pourtour méditerranéen ainsi qu'en Afrique et sur le continent américain. En France, l'espèce est présente sur tout le territoire, avec une prépondérance pour la moitié nord du pays, ce qui correspond à la répartition des cultures de blé, sa plante hôte principale.

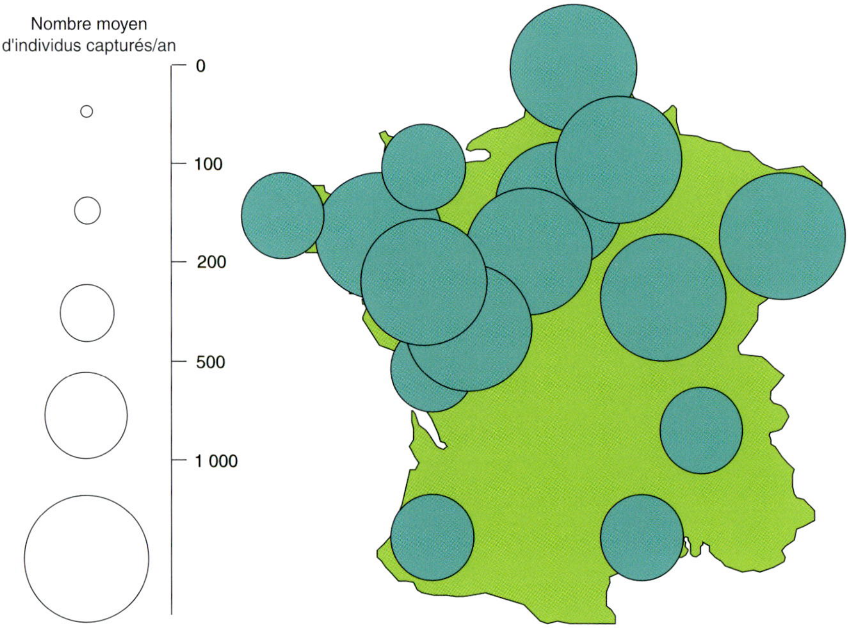

Activité de vol

Le puceron des épis des céréales connaît une période principale de vol allant de début mai à fin juillet. En mai la présence de quelques ailés va permettre la colonisation des céréales. Les colonies se multiplient et les ailés se disséminent en juin pour arriver à un maximum d'activité fin juin-début juillet. À la suite de la maturation des épis et des premières récoltes, le vol régresse jusqu'à la fin juillet ou au début août. À l'automne, on note la présence de quelques individus. Cette activité essentiellement printanière et estivale est très constante d'une année à l'autre ou selon les régions. On constate seulement une plus grande précocité des vols de printemps soit dans le Sud en raison de la douceur générale de l'hiver, soit dans les autres régions à la suite des hivers les plus cléments. Ainsi les températures de janvier et février sont déterminantes dans les régions où la reproduction asexuée est importante (Ouest, Centre ou Nord-Pas-de Calais).

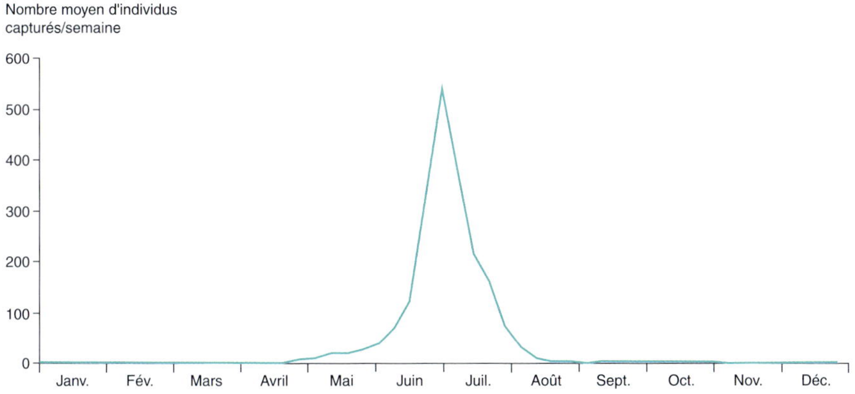

Les nombreuses observations effectuées sur *Sitobion avenae* ont permis l'élaboration par l'UMR BiO3P d'outils d'aide à la décision de traitement (OAD), en collaboration avec des firmes phytosanitaires. Ce sont des logiciels de simulation de la dynamique des populations des pucerons des épis et de raisonnement des traitements insecticides. Ils permettent de déterminer la date optimale d'intervention en fonction du produit, du stade du blé et du risque pucerons. Ils permettent également d'évaluer immédiatement les pertes potentielles de rendement.

Variations annuelles d'abondance

Avec *Metopolophium dirhodum* et *Rhopalosiphum padi*, les deux autres espèces majeures des céréales, *Sitobion avenae* fait partie des espèces les plus piégées. Ses captures annuelles montrent de grandes variations indiquant que l'espèce connaît certaines années de véritables explosions démographiques. Ce fut le cas en 1991 et 1992, et plus particulièrement dans les pièges d'Orléans et de Poitiers, où les captures ont été multipliées par 10 par rapport aux captures annuelles moyennes. Depuis 1997, on constate une nette régression des niveaux de captures, excepté en 2004 avec des vols très abondants à Poitiers.

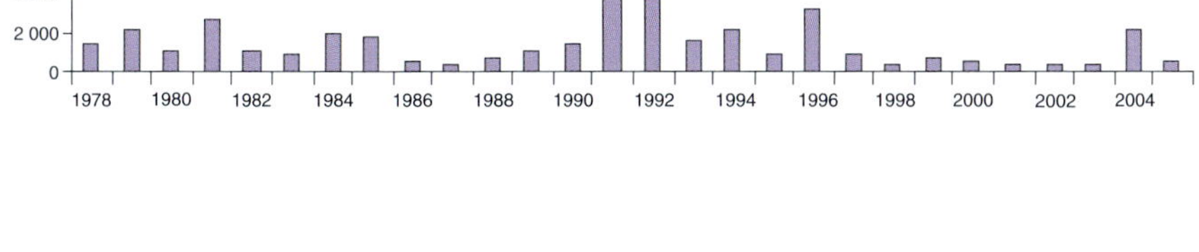

Sitobion fragariae
Puceron des ronciers

Répartition géographique

Sitobion fragariae, originaire du continent européen et du pourtour méditerranéen, a été introduit en Afrique du Sud et en Amérique. En France, l'espèce est répartie sur tout le territoire avec de faibles effectifs, sauf sur le littoral nord-ouest où elle est plus présente.

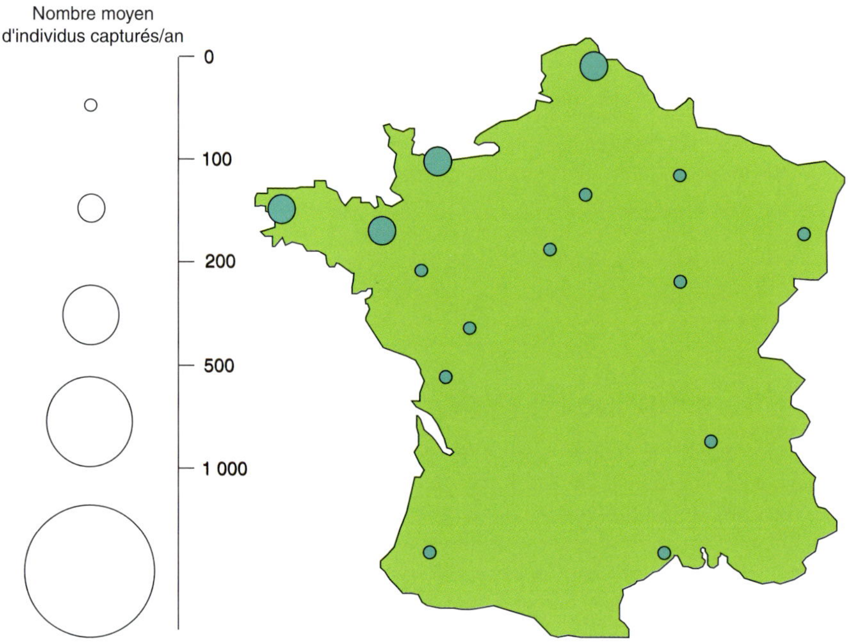

Activité de vol

Sitobion fragariae présente trois périodes de vol. Au printemps, les premiers ailés piégés fin avril-début mai sont issus de la plante **hôte primaire**, essentiellement la ronce, *Rubus fructicosus*. Dans les régions les plus froides, comme le Nord et l'Est, les premières captures sont fonction des températures de mars et avril. Elles correspondent à la colonisation de nombreuses espèces de poacées cultivées ou sauvages comme l'avoine, le brome, la houlque, l'orge ou le dactyle. L'espèce peut également se développer sur blé où les colonies sont cependant rares. En juin et juillet, les individus se dispersent, mais les captures restent faibles. À l'automne, le vol s'étale de fin septembre à fin novembre. C'est à cette période que les ailés, bien que peu nombreux, peuvent néanmoins transmettre le virus de la jaunisse nanisante de l'orge et provoquer des **dégâts indirects**. Ce vol est aussi composé de sexués qui vont migrer vers les *Rubus*.

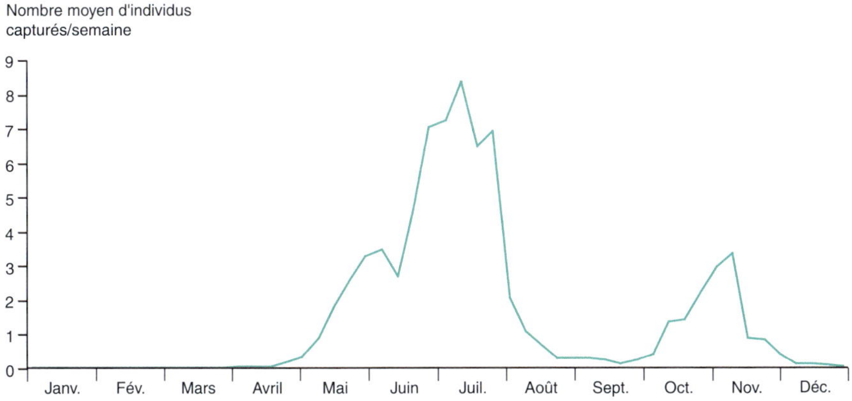

Variations annuelles d'abondance

Sitobion fragariae est toujours présent. Cependant ses effectifs varient assez peu d'une année à une autre à l'exception de 1978 où près de 2 000 individus ont été piégés à Rennes. Sinon les captures moyennes fluctuent entre une vingtaine d'individus à une centaine par an.

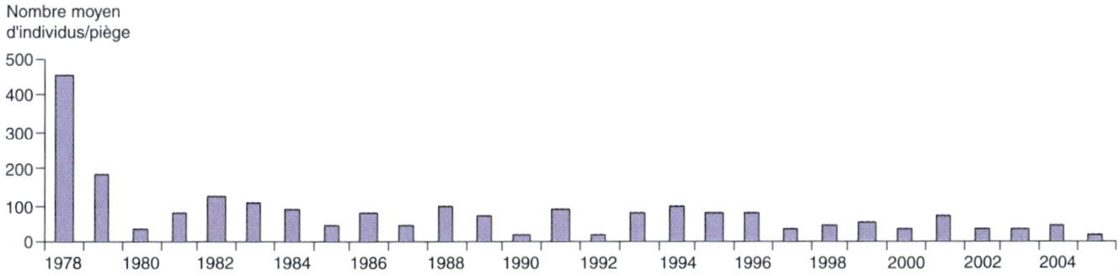

Tableaux synthétiques

Les pucerons et leurs cultures hôtes

Biologie des pucerons et principaux dégâts

Les principaux virus des grandes cultures transmis par pucerons

Les pucerons et leurs cultures hôtes

		Chénopodiacées	Fabacées	Oléagineux		Poacées	Solanacées
				Brassicacées	Astéracées		
Acyrthosiphon pisum	P. du pois		■				
Anoecia spp.						■	
Aphis craccivora	P. noir de la luzerne		■				
Aphis fabae	P. noir de la fève	■	■	■	■		■
Aphis frangulae *Aphis gossypii*	P. de la bourdaine P. du melon et du cotonnier		■				■
Aphis nasturtii	P. du nerprun						■
Aulacorthum circumflexum	P. tacheté de l'arum						■
Aulacorthum solani	P. strié de la digitale et de la pomme de terre	■		■	■		■
Brachycaudus helichrysi	P. vert du prunier		■		■		
Brevicoryne brassicae	P. cendré du chou			■			
Diuraphis noxia	P. russe du blé					■	
Lipaphis erysimi	P. du navet			■			
Macrosiphum albifrons	P. du lupin		■				
Macrosiphum euphorbiae	P. vert et rose de la pomme de terre	■		■	■		■
Megoura viciae	P. de la vesce		■				
Metopolophium dirhodum	P. des céréales et du rosier					■	
Metopolophium festucae	P. de la fétuque					■	
Myzus ascalonicus	P. de l'échalote	■		■			■

		Chénopodiacées	Fabacées	Oléagineux		Poacées	Solanacées
				Brassicacées	Astéracées		
Myzus ornatus	P. orné			■	■		■
Myzus persicae	P. vert du pêcher	■	■	■	■		■
Nearctaphis bakeri	P. du trèfle		■				
Rhopalosiphoninus latysiphon	P. des germes de pomme de terre						■
Rhopalosiphoninus staphyleae	P. de la betterave	■					
Rhopalosiphum insertum	P. vert migrant du pommier					■	
Rhopalosiphum maidis	P. vert du maïs					■	
Rhopalosiphum padi	P. des céréales et du merisier à grappes					■	
Schizaphis graminum	Petit puceron des céréales					■	
Sipha (Rungsia) elegans						■	
Sipha (Rungsia) maydis	P. brun du maïs					■	
Sitobion avenae	P. des épis de céréales					■	
Sitobion fragariae	P. du roncier					■	
Smynthurodes betae	P. des racines du haricot	■	■	■			■
Therioaphis trifolii	P. de la luzerne		■				
Trama spp.					■		
Baizongia, Forda, Geoica, Paracletus, Tetraneura	Les pucerons des racines					■	

Biologie des pucerons et principaux dégâts

Nom latin **Nom commun**	**Hôte primaire**	**Hôte secondaire**	**Type de colonies**	**Dégâts et symptômes**
Acyrthosiphon pisum P. du pois		Fabacées : cytise, genêt, haricot, pois, luzerne…	Grand puceron élancé, à la base des fleurs.	Dégâts directs et transmission de nombreux virus.
Anoecia spp.	Cornouiller sanguin	Racines de céréales (blé, orge…).	Colonies de pucerons blanchâtres à jaunâtres sur les racines de céréales.	
Aphis craccivora P. noir de la luzerne		Très nombreux : fabacées (fève, luzerne), astéracées, liliacées, solanacées…	Colonies denses, individus gris mat à noir brillant sur différents organes de la plante.	Production importante de miellat, transmission de la mosaïque du concombre
Aphis fabae P. noir de la fève	Fusain d'Europe	Très nombreux	Colonies très denses sur tiges, inflorescences ou feuilles, individus sombres, souvent ponctués de blanc.	Dégâts directs, production de miellat et transmission de nombreuses maladies virales.
Aphis gossypii P. du melon et du cotonnier		Cucurbitacées (melon, courgette…), citrus…	Colonies denses sur la face inférieure des feuilles, individus jaunes à vert sombre.	Transmission de maladies virales dont la mosaïque du concombre, les jaunisses du pois…
Aphis nasturtii P. du nerprun	Bourdaine, nerprun	Très nombreux.	Petit puceron jaunâtre à verdâtre, sur les feuilles inférieures des pommes de terre.	Dégâts directs et transmission de nombreuses maladies virales.
Aulacorthum circumflexum P. tacheté de l'arum		Très nombreux : plantes ornementales en serre, pomme de terre, tabac, haricot, chou…	Individus jaune pâle, striés de noir sur tiges, feuillage et fleurs.	Production importante de miellat, transmission de plusieurs maladies virales.
Aulacorthum solani P. strié de la digitale et de la pomme de terre	Digitale, épervière…	Nombreux : salades, pomme de terre.	Colonies peu denses, individus jaune-vert brillant, piriformes.	Transmission de nombreuses maladies virales : virus de l'enroulement de la pomme de terre, mosaïque du concombre, jaunisses de la betterave…

Nom latin **Nom commun**	**Hôte primaire**	**Hôte secondaire**	**Type de colonies**	**Dégâts et symptômes**
Brachycaudus helichrysi P. vert du prunier	Arbres fruitiers du genre Prunus	Astéracées : artichaut, tournesol… et borraginacées.	Individus vert pâle à la face inférieure des jeunes feuilles.	Sur tournesol, l'effet toxique de la salive des pucerons provoque la crispation du feuillage.
Brevicoryne brassicae P. cendré du chou		Brassicacées : chou, colza, radis…	Colonies denses d'abord à la face inférieure des feuilles puis sur les hampes florales ; individus globuleux, recouverts d'une pruinosité cendrée.	Épuisement de la plante, déformation des hampes florales, transmission des mosaïques du navet et du chou.
Diuraphis noxia P. russe du blé		Blé, orge et de nombreuses graminées.	Colonies d'individus verts et pruineux, vivant cachés dans le limbe enroulé.	Arrêt ou ralentissement de la croissance, réduction du nombre de feuilles et du nombre de talles.
Lipaphis erysimi P. du navet		Brassicacées : colza, chou, navet, radis…	Petits individus vert-jaune, cireux.	Transmission de viroses : mosaïque du navet, mosaïque du chou-fleur.
Macrosiphum albifrons P. du lupin		Genre Lupinus	Colonies de grands pucerons bleu-vert-gris, recouverts de cire blanchâtre sur les fleurs et les gousses.	Dégâts directs importants.
Macrosiphum euphorbiae P. vert et rose de la pomme de terre	Rosiers, églantiers	Très nombreux	Grand puceron vert ou rose sur les feuilles et les pédoncules floraux.	Déformation des plantes, transmission de nombreuses maladies virales : virus de l'enroulement de la pomme de terre, mosaïque de la laitue, mosaïque jaune du haricot, jaunisse énation du pois…
Megoura viciae P. de la vesce		Fabacées : fève, féverole…	Grand puceron vert aux extrémités noires.	Transmission du virus de la mosaïque-énation du pois.
Metopolophium dirhodum P. des céréales et du rosier	Rosiers, églantiers	Céréales	Colonies d'individus verts ou jaunes situées sur le feuillage.	Dégâts directs si les colonies sont très populeuses. Dégâts indirects avec la transmission du virus de la jaunisse nanisante de l'orge.
Metopolophium festucae P. de la fétuque		Graminées	Puceron vert jaunâtre.	

Nom latin **Nom commun**	**Hôte primaire**	**Hôte secondaire**	**Type de colonies**	**Dégâts et symptômes**
Myzus ascalonicus P. de l'échalote		Liliacées, solanacées, brassicacées…	Colonies d'individus brun clair : en végétation sur feuillage et inflorescences, et en conservation sur bulbes et tubercules.	Déformation du feuillage et des inflorescences. Transmission des virus : jaunisses de la betterave, enroulement de la pomme de terre, mosaïque du concombre…
Myzus ornatus P. orné		Nombreux : oignon, pomme de terre, laitue, plantes ornementales…	Petits individus jaunes à verts, peu nombreux.	Transmission de la jaunisse énation du pois, du virus de l'enroulement de la pomme de terre, de la jaunisse occidentale de la betterave…
Myzus persicae P. vert du pêcher	Pêcher et autres Prunus	Très nombreux : solanacées, astéracées, apiacées…	Individus vert clair à jaunâtres, discrets.	Souillures, crispations, transmission d'un grand nombre de maladies virales.
Nearctaphis bakeri P. du trèfle		Fabacées	Pucerons vert foncé à rose orangé avec de petits points noirs sur l'abdomen.	
Rhopalosiphoninus latysiphon P. des germes de pomme de terre		Pomme de terre, carotte, tulipe	Pucerons vert olive avec une plaque noire sur l'abdomen et des cornicules noires très renflées.	Transmission de maladies virales.
Rhopalosiphoninus staphyleae tulipaellus P. de la betterave	Staphylier	Betterave, tulipe	Pucerons vert olive avec des bandes pigmentées sur l'abdomen et des cornicules sombres et renflées.	Transmission de la mosaïque et de la jaunisse de la betterave.
Rhopalosiphum insertum P. vert migrant du pommier	Pommier, poirier, aubépine	Graminées	Petit puceron vert-jaune avec des raies longitudinales plus foncées.	Colonise les racines et transmet la jaunisse nanisante de l'orge.
Rhopalosiphum maidis P. vert du maïs		Graminées	Puceron allongé vert bleuté avec des cornicules courtes et foncées.	Enroulement des feuilles et développement de fumagine.
Rhopalosiphum padi P. des céréales et du merisier à grappes	Merisier à grappes	Graminées	Puceron globuleux au corps foncé avec des taches rougeâtres autour des cornicules.	Enroulement des feuilles. Transmission de virus de la jaunisse nanisante de l'orge.

Nom latin **Nom commun**	**Hôte primaire**	**Hôte secondaire**	**Type de colonies**	**Dégâts et symptômes**
Schizaphis graminum Petit puceron des céréales		Graminées	Petit puceron allongé vert pâle à vert jaune.	Dessèchement des feuilles, avortement des épis et transmission de virus de la jaunisse nanisante de l'orge.
Sipha (Rungsia) elegans		Graminées	Puceron vert jaunâtre taché de brun, hérissé de longues soies.	
Sipha (Rungsia) maydis P. brun du maïs		Graminées	Puceron brun brillant avec de longues soies sur tout le corps.	
Sitobion avenae P. des épis de céréales		Graminées	Colonies avec des individus de couleur variable : jaune, verte, rouge, avec des cornicules droites et noires.	Développement de fumagine. Diminution du rendement. Transmission de virus : jaunisse nanisante de l'orge, mosaïque du pois.
Sitobion fragariae	Ronciers	Graminées	Pucerons vert pomme, avec des cornicules longues droites et noires.	Transmission du virus de la jaunisse nanisante de l'orge.
Smynthurodes betae P. des racines du haricot	Pistachiers	Betterave, colza, tournesol, pomme de terre, trèfle	Présent sur racines, de couleur blanchâtre, avec des pattes et des antennes courtes.	
Therioaphis trifolii P. de la luzerne		Fabacées	Puceron blanchâtre à jaunâtre avec de petites plaques sombres surmontées d'une soie sur l'abdomen.	Dessèchement des feuilles. Développement de fumagine. Transmission du virus de la mosaïque de la luzerne (AMV).
Trama spp.		Astéracées	Présent sur racines ; gros pucerons blanchâtres à pattes très longues.	Flétrissement de la plante.
Les pucerons des racines : *Baizongia* spp. *Forda* spp. *Geoica* spp. *Paracletus* spp. *Tetraneura* spp.		Racines de graminées	Colonies vivant sur les racines, individus blanchâtres à jaunâtres, avec des pattes et des antennes courtes, et visitées par les fourmis.	

Les principaux virus des grandes cultures transmis par pucerons

Plante	Virus (maladie)		Groupe	Mode[1]	Principaux vecteurs
Brassicacées					
Colza	V. de la jaunisse occidentale de la betterave.	BWYV	Lutéovirus	P	*Myzus persicae, M. ascalonicus, Aphis fabae, Aulacorthum solani.*
	V. de la mosaïque du navet.	TuMV	Potyvirus	NP	*Myzus persicae, Brevicoryne brassicae…*
	V. de la mosaïque du chou-fleur.	CaMV	Caulimovirus	SP	*Myzus persicae, Brevicoryne brassicae…*
Chénopodiacées					
Betterave	V. de la jaunisse grave de la betterave.	BYV	Closterovirus	SP	*Myzus persicae, Aphis fabae.*
	V. de la jaunisse modérée de la betterave.	BMYV	Lutéovirus	P	*Myzus persicae, Aphis fabae.*
	V. de la jaunisse occidentale de la betterave.	BWYV	Lutéovirus	P	*Myzus persicae, M. ascalonicus, Aphis fabae, Aulacorthum solani.*
	V. de la mosaïque de la betterave.	BMV	Potyvirus	NP	*Myzus persicae, Aphis fabae.*
Fabacées					
Pois, féverole	V. de la mosaïque-énations du pois.	PEMV	Énamovirus	P	*Acyrthosiphon pisum, Myzus persicae.*
	V. de la mosaïque du pois transmise par la semence.	PSbMV	Potyvirus	NP	*Acyrthosiphon pisum, Myzus persicae, Aphis gossypii, Macrosiphum euphorbiae.*
	V. des veines jaunes du trèffle.	CYVV	Potyvirus	P	*Acyrthosiphon pisum.*
	V. de l'enrouement du haricot.	BLRV	Lutéovirus	P	*Acyrthosiphon pisum.*
	V. de la jaunisse occidentale de la betterave.	BWYV	Lutéovirus	P	*Myzus persicae, Acyrthosiphon pisum.*
Luzerne	V. de la mosaïque de la luzerne.	AMV	Alfamovirus	NP	*Myzus persicae, A. gossypii.*
	V. de la jaunisse énation du pois.	PEMV	Énamovirus	P	*Acyrthosiphon pisum, Myzus persicae.*
Trèfle	V. de la mosaïque de la luzerne.	AMV	Alfamovirus	NP	*Myzus persicae, A. gossypii.*
	V. de la mosaïque jaune du haricot.	BYMV	Potyvirus	NP	*Acyrthosiphon pisum, Myzus persicae, Aphis fabae, Macrosiphum euphorbiae.*
	V. de la mosaïque du concombre.	CMV	Cucumovirus	NP	*Aphis gossypii, A. craccivora, A. fabae, Myzus persicae.*

Plante	Virus (maladie)		Groupe	Mode[1]	Principaux vecteurs
Poacées					
Orge et toutes les céréales	V. de la jaunisse nanisante de l'orge.	BYDV	Lutéovirus	P	*Rhopalosiphum padi, Sitobion avenae, Metopolophium dirhodum.*
	V. de la jaunisse nanisante des céréales.	CYDV	Polerovirus	P	*Rhopalosiphum padi.*
				NP	
Maïs	V. de la mosaïque nanisante du maïs.	MDMV	Potyvirus		*Rhopalosiphum maidis, Sitobion fragariae.*
Solanacées					
Pomme de terre	V. de l'enroulement de la pomme de terre.	PLRV	Polerovirus	P	*Myzus persicae, Aulacorthum solani, Macrosiphum euphorbiae.*
	V. Y de la pomme de terre.	PVY	Potyvirus	NP	*Aphis spiraecola, A. gossypii, A. nasturtii, Myzus persicae.*
				NP	
Tabac	V. Y de la pomme de terre.	PVY	Potyvirus	NP	*Myzus persicae, Myzus ornatus.*
	V de la mosaïque du concombre.	CMV	Cucumovirus	NP	*Myzus persicae.*
	V. de la mosaïque de la luzerne.	AMV	Alfamovirus		*Myzus persicae, A. gossypii.*

1. P : virus transmis selon le mode persistant – NP : virus transmis selon le mode non persistant – SP : virus transmis selon le mode semi-persistant.

Glossaire

Anholocyclie : caractérise le cycle annuel incomplet de certains pucerons qui ont perdu totalement ou partiellement la possibilité de se reproduire par la voie sexuée. Ils se multiplient par parthénogenèse toute l'année.

Aptère : dépourvu d'ailes.

Clone : lignée d'individus génétiquement identiques à leur parent, issus de la reproduction asexuée par parthénogenèse mitotique.

Cornicules : appendices situés de part et d'autre de la partie postérieure de l'abdomen, de forme, de couleur et de longueur variables, par lesquels les pucerons émettent des phéromones d'alarme. Ces appendices sont des critères importants pour l'identification des pucerons.

Dégâts directs : résultent du prélèvement de sève élaborée dont les pucerons se nourrissent et qui entraîne le flétrissement des plantes, une moindre croissance, une mauvaise fructification, et/ou également de l'action toxique de la salive qui provoque la destruction, la déformation et la décoloration des tissus végétaux.

Dégâts indirects : ils sont dus principalement à la transmission de virus de plantes lors de la prise alimentaire, et également à la présence de fumagine due à des champignons saprophytes de couleur noire qui se développent sur le miellat recouvrant les feuilles en diminuant ainsi la photosynthèse.

Diapause : la forme diapausante des pucerons est l'œuf d'hiver qui, déposé à l'automne et éclos en février, subit un arrêt de développement de trois mois et assure la survie hivernale des espèces sexuées.

Diœcique : se dit de certaines espèces de pucerons qui ont un cycle annuel complet se déroulant sur deux hôtes non apparentés d'un point de vue botanique (un hôte primaire et un hôte secondaire). On parle aussi d'espèces migrantes (ou hétérœciques).

Dissémination : voir Vol de dissémination.

Émigration : voir Vol d'émigration.

Entomophthorales : ensemble de champignons de la classe des Zygomycètes, comportant une majorité d'espèces pathogènes d'insectes et en particulier de pucerons. Elles peuvent détruire des colonies en quelques jours par temps doux et humide.

Exuvie : cuticule que la larve de puceron a quittée lors de la mue et qui est remplacée par une nouvelle.

Femelle fondatrice : femelle puceron issue de l'œuf d'hiver, qui donne naissance par parthénogenèse à plusieurs générations qui constituent un clone.

Femelle sexupare : femelle parthénogénétique donnant naissance à des mâles et à des femelles ovipares ou gynopares, selon les espèces.

Fondatrice : voir Femelle fondatrice.

Fumagine : voir Dégâts indirects.

Gynopare : femelle née d'une sexupare et dont la descendance est composée de femelles ovipares. Les gynopares ainsi que les mâles sont le plus souvent ailés et assurent une dispersion des espèces.

Hémiptère : ordre polyphylétique regroupant les insectes hémimétaboles à pièces buccales piqueuses-suceuses, et dont les ailes antérieures peuvent être ou non cornées sur tout ou partie de leur surface. Au sein des hémiptères, les pucerons appartiennent au sous-ordre des Sternorrhyncha, comme les cochenilles, les psylles et les aleurodes.

Hétérœcique : synonyme de diœcique.

Holocyclie : se dit du cycle annuel complet des pucerons, comprenant une génération sexuée et une ou plusieurs générations parthénogénétiques.

Hôte primaire : végétal où le puceron holocyclique diœcique accomplit sa reproduction sexuée et dépose ses œufs d'hiver.

Hôte secondaire : végétal hébergeant à la belle saison les générations de pucerons parthénogénétiques.

Hyménoptères parasitoïdes : la femelle de ces insectes pond un œuf dans une larve de puceron. La larve qui en éclot va provoquer la mort du puceron. Cette larve peut être elle-même parasitée par des parasites secondaires appelés hyperparasites.

Miellat : excrément liquide des pucerons, riche en sucres, qu'ils projettent sur les feuilles.

Mode non persistant : se dit de la transmission d'un virus qui est retenu au niveau des pièces buccales de son vecteur quand ce dernier se nourrit sur une plante infectée, puis est inoculé dans une autre plante à l'occasion d'une autre piqûre, sans jamais effectuer de passage à l'intérieur du puceron. Le vecteur est immédiatement infectieux après acquisition, mais le reste peu de temps.

Mode persistant : les virus nécessitent des relations plantes-pucerons vecteurs plus spécifiques. Les particules virales sont en effet acquises au cours de prises alimentaires de longue durée dans le phloème (plusieurs heures). Leur transmission par le puceron au cours de nouvelles prises alimentaires ne peut se faire qu'après un temps de latence au cours duquel elles effectuent un cycle à l'intérieur du puceron (tube digestif-hémolymphe-glandes salivaires accessoires). De plus, le puceron conserve son pouvoir infectieux très longtemps, voire toute sa vie.

Mode semi-persistant : les virus sont retenus au niveau des pièces buccales du vecteur, comme pour le mode non persistant, mais l'acquisition prend plus de temps et le puceron reste infectieux un ou deux jours après la première piqûre, au lieu de moins d'une heure pour le mode non persistant. Ce mode est maintenant considéré comme un cas particulier du mode non persistant.

Monœcique : se dit d'une espèce effectuant son cycle annuel complet sur une seule espèce végétale hôte ou sur des espèces apparentées.

Parasitoïde : voir Hyménoptère parasitoïdes.

Parthénogenèse : mode de reproduction sans fécondation (pas d'intervention du mâle). Dans la parthénogenèse méiotique, la descendance n'est pas génétiquement identique à la mère (recombinaison après méiose) ; dans la parthénogénèse mitotique (celle des pucerons), tous les descendants sont génétiquement identiques à leur mère (reproduction clonale).

Phloème : tissu conducteur de la sève élaborée dont se nourrissent les pucerons.

Prédateur : organisme qui au cours de son développement tue et consomme plusieurs organismes appelés proies. Les coccinelles, les larves de syrphes et les larves de chrysopes sont des prédateurs.

Rémigration : voir Vol de rémigration.

Rhinaries : organes sensoriels situés sur les antennes des pucerons. Leur forme et leur nombre varient en fonction des espèces.

Sexupare : voir Femelle sexupare.

Thanatose : chute au sol et simulation comportementale de la mort pour se soustraire à des prédateurs.

Vol de dissémination : a lieu pendant le printemps et l'été. Il permet aux pucerons de coloniser de nouveaux hôtes secondaires.

Vol d'émigration : a lieu au printemps. Il correspond au départ des ailés issus des fondatrices (émigrants) des hôtes primaires vers les hôtes secondaires.

Vol de rémigration : a lieu à la fin de l'été et à l'automne. Il est composé de précurseurs de sexués (les gynopares) et d'individus sexués (les mâles) qui retournent sur l'hôte primaire.

Remerciements

Le réseau Agraphid créé en 1978 par l'Inra, l'Acta et les SRPV a permis de collecter et d'identifier des millions de pucerons (6,7 millions depuis 1978), répartis entre 200 genres et espèces. Les espèces inféodées aux céréales : ***Rhopalosiphum padi, Sitobion avenae* et *Metopolophium dirhodum* représentent 45 % des ailés de pucerons capturés.**

La collecte est réalisée par des pièges à aspiration, répartis sur tout le territoire. Elle se fait quotidiennement. Au laboratoire, il faut dans un premier temps séparer les pucerons des autres insectes, puis identifier tous les spécimens piégés. Une journée de capture peut fournir de quelques individus à plusieurs milliers lorsqu'il y a un vol important réparti entre 30 et 50 espèces différentes.

Ce travail a pu être réalisé grâce à un réseau de déterminateurs fiables et consciencieux.

Nous les remercions chaleureusement.

Piège d'Arras puis de Loos-en-Gohelle : Caroline Trouvé-Descarpentrie ; Anne-Marie Chudzicki

Landerneau : Mme Nedelec et M. Le Hingrat pour les envois postaux des captures

Rennes : Joëlle Rouzé ; Sylvie Tanguy ; Christelle Aubrée-Buchart ; Danielle Pannetier ; Sylvie Hudaverdian

Colmar : Francis Jacky ; Louis Wiss

Orléans : Michèle Aribaud

Aigre : Jean-Pierre Ayrault

Montpellier : Michel Renoust ; Marie Laporte

Versailles : Jean-Pierre Moreau ; Philippe Touton

Valence : Hubert Defrance pour les envois postaux des captures

Pau : Mme Lafitteau

Reims : Sabine Babé

Caen : Laurence Haineville-Morin

Poitiers : Catherine Charles

Angers : Sandrine Vernichon

Auxerre : Odile Cadiou

Ploudaniel : Roland Petit pour les envois postaux des captures

Nous remercions également Jean-Luc Perrocheau, de l'Acta pour son investissement dans la logistique du réseau, François Leclant (Inra, Montpellier), Georges Remaudière (Museum national d'histoire naturelle), Mark Taylor (Rothamsted Research), Armelle Cœur d'Acier (CBGP, Montpellier) et Nicolas Perez (DBA, Universidad de Léon), nos experts en systématique, ainsi que Yvon Robert (Inra, Rennes) et Yves Bouchery (Inra, Colmar) qui sont à l'initiative du réseau Agraphid.

Pour finir, nous remercions Monique Le Moing (Inra-Rennes) pour ses remarques pertinentes lors de la relecture de cet ouvrage.

louisjean
IMPRIMEUR
59, Av. Émile DIDIER
05003 GAP Cedex
Tél. 04 92 53 17 00

Dépôt légal :
153 – mai 2011

Imprimé en France

Édition : Marie-Paule Montmorency